感时应物

应金萍　吕雯　陈煦　陈斌　杨朝迎　编著

——浙江地区的二十四节气

U0396784

浙江工商大学出版社

图书在版编目（CIP）数据

感时应物：浙江地区的二十四节气 / 应金萍等编著
. — 杭州：浙江工商大学出版社，2023.6
　ISBN 978-7-5178-5330-5

　Ⅰ.①感… Ⅱ.①应… Ⅲ.①二十四节气－普及读物
Ⅳ.①P462-49

中国国家版本馆CIP数据核字（2023）第002373号

感时应物——浙江地区的二十四节气
GAN SHI YING WU—— ZHEJIANG DIQU DE ERSHISI JIEQI

应金萍　吕雯　陈煦　陈斌　杨朝迎 编著

责任编辑	沈敏丽
责任校对	都青青
封面设计	朱嘉怡
插　图	郁菊萍　黄晶晶　杨　啸
责任印制	包建辉
出版发行	浙江工商大学出版社
	（杭州市教工路198号　邮政编码310012）
	（E-mail：zjgsupress@163.com）
	（网址：http://www.zjgsupress.com）
	电话：0571-88904980，88831806（传真）
排　版	杭州彩地电脑图文有限公司
印　刷	浙江全能工艺美术印刷有限公司
开　本	710 mm×1000 mm　1/16
印　张	13.25
字　数	182千
版 印 次	2023年6月第1版　2023年6月第1次印刷
书　号	ISBN 978-7-5178-5330-5
定　价	59.80元

前言

　　四季变化是一种天文现象，也是一种气候现象，节气如节节伸展的万条丝绦，串起中华民族农耕文明的蔓芜时光，编织成中华传统文化绚丽的瑰宝。春秋时期就有了节气的雏形、古代劳动人民智慧的结晶：仲春、仲夏、仲秋和仲冬。秦汉年间，形成与今时一致的节气，由最初的4个不断细分为如今的24个。公元前104年，由邓平等人制订的《太初历》，正式把二十四节气订于历法，明确了二十四节气的天文位置。以太阳在黄道上的位置为依据，把一年划分为24个彼此相等的段落，每段15度，太阳从黄经0度起每运动一个段落即为一个节气，每年运行360度，共经历24个段落，即为二十四节气。其中，每月第一个节气称为"节气"，每月的第二个节气称为"中气"。现在，人们已经不再细分"节气"和"中气"了，统称为"节气"。二十四节气是根据太阳的运动划分的，每隔15天将会进入一个新的节气，每月2个，所以节气在现行的公历中日期基本固定。二十四节气这一重要非物质文化遗产，是中国古代农耕文明重要的产物和体现，包含传说、饮食、农业活动、诗词歌赋、谚语、器具、书画、仪式等文化元素。

目 录

第一章

草木知春　万物初始

第一节

立春：衢州九华立春　祈求风调雨顺

一、节气起源

　　立春是二十四节气中的第 1 个节气。自秦代以来，我国就以立春作为春季的开始，"从此雪消风自软，梅花合让柳条新"，四季由此展开。立春是从天文学上来划分的，每年公历 2 月 4 日或 5 日，太阳到达黄经 315 度时为立春。古人将立春解释为："立，始建也，春气始至，故为之立也。"所以"立春"的"立"是开始的意思。

二、民间活动

在人们心中，春是希望，是温暖，是万物生长、鸟语花香。春季的每一个节气都饱含人们对风调雨顺、五谷丰登、国泰民安的向往。立春这一天有独特的迎春仪式和丰富多彩的纪念活动，像"祭祖""打春""咬春""鞭春牛""游春"等，承载着人们对美好生活的向往，这些民间活动最早可以追溯到3000年前。

1. 祭祀

有据可查，我国从周朝时期开始就有了立春迎春仪式。历朝历代的迎春仪式大体如下：在立春前三天，君王开始斋戒，立春当日，君王率领百官到皇城东方——句芒神居住的方向，八里之外的郊区迎春，祈求风调雨顺、五谷丰登。后来，迎春仪式逐渐走入民间。南宋《梦粱录》可证："临安府进春牛于禁庭。立春前一日，以镇鼓锣吹妓乐迎春牛，往府衙前迎春馆内……宰臣以下，皆赐金银幡胜，悬于幞头上，入朝称贺。"

2. 打春

随着社会不断发展，仪式也不断演变。清代年间，迎春仪式家喻户晓，逐渐成为社会瞩目的重要活动，民众的参与度极高。据《燕京岁时记》中的记载："立春先一日，顺天府官员，在东直门外一里春场迎春。立春日，礼部呈进春山宝座，顺天府呈进春牛图。礼毕回署，引春牛而击之，曰'打春'。"清人所著的《清嘉录》则指出："立春祀神祭祖的典仪，虽然比不上正月初一的岁朝，但要高于冬至的规模。"

3. 咬春

《燕京岁时记》有云："是日，富家多食春饼，妇女等多买萝卜而食之，曰'咬春'，谓可以却春困也。"立春前一天家家户户开始准备迎接春天的仪式和食物，北方富贵人家制作春饼，所以富家女子多吃春饼，而平常人家的女子则喜欢买萝卜来吃，咬一口新鲜脆生的萝卜，也象征着新春大吉，咬到了福气。浙江地区的人会制作春卷，虽然春卷外形与春饼相似，但与北方春饼做好之后包着菜吃不同，春卷是用干面皮包馅心，经煎、炸而成。不论吃春饼、春卷，还是萝卜，立春之日咬上一口，叫作"咬春"。吃了春，咬了春，与天地万物将荣待生，得了迎春喜庆的吉兆。

4. 九华立春祭

随着社会进步和时代的发展，大量人口涌入城市，"鞭春牛"等仪式逐渐消失，立春民俗文化不断弱化，甚至中断。浙江省衢州市柯城区九华乡保护、传承、发展、提升优秀传统文化，九华乡人民重拾传统文化，打造"九华立春祭"，传承发展二十四节气民间文化。2011年，衢州"九华立春祭"被列入第三批国家级非物质文化遗产名录。

"九华立春祭"传承人汪筱联介绍："我国民俗文化祭祀、祈福、禁忌、祝福、征兆等民间习惯与风俗，这些都是人们生活中所追求的与大自然和谐相处的美好愿望。"

衢州市柯城区九华乡妙源村"梧桐祖殿"里存有我国唯一一座保存完整的春神殿，青砖白瓦。走过青石板小路，穿过山林竹海，春神殿掩映在淡淡山雾之中，若隐若现，平添几分仙气。殿内四方天井，古朴庄重，二十四节气灯笼悬挂其中。梧桐木雕刻的句芒神形象身穿白衣，脚踩双龙，背负双翅，右手持规，左手握五谷，立于梧桐祖殿中。每年立春，沉静的大殿便被噼里啪啦的爆竹声唤醒，在大红灯笼的映照下热闹起来。人们还会举办庙会，祭拜句芒神。立春祭还保留了一套完整的仪式——祭句芒神、鞭春牛、敬土地爷、迎春、咬春等，人们用最朴素的方式表达内心的愿望，祈求风调雨顺、合家安康，迎接一年之始的到来。

"九华立春祭"保存了完整的立春仪式，包括了迎春接福的准备，如布置案桌、悬挂二十四节气灯笼、选择接春人选、鞭春牛、喝彩、春播等。"九华立春祭"的具体仪式内容包含：

（1）贴春牛图：在立春前将当年的春牛图准备好，报春人挨家挨户送去春牛图，将其贴在墙壁上，象征一年伊始，春耕将至之意。民国《衢县志·风俗志》载："民间犹鼓吹，送春牛图于家者。"

（2）备"迎春接福"案桌：案桌由三张八仙桌横向组成，约三尺宽，九尺长，二尺六寸高。事先准备好案桌，放在梧桐祖殿大门外正中位置，贴上写有"迎春接福"的红纸，桌子正中放有装满尖米饭的饭甑，后面放一杯清茶，清茶左右摆放香炉、烛台、青菜、梅花、松柏、竹枝，象征洁净、常青和富足。

（3）接春：从8至12岁的少年中各选出八男八女，作为接春人选，着接春服饰，头上佩戴柳条圈，手里拿着油纸灯。在接春整点时刻半小时前，边吟唱立春诗词歌曲，边按左侧四男四女、右侧四女四男排列站立于梧桐祖殿正门外，寓意四时八节。

（4）点二十四节气灯笼：接春前一天，将专门制作的一面写着"迎春接福"，另一面写着"二十四节气名称"的灯笼挂在春神殿两侧。晚上点燃灯笼中的蜡烛，接春前再次点燃蜡烛。

（5）鞭春牛：春牛是春耕时的主力——耕牛。该仪式由专人扮演句芒神，挥舞鞭子打牛，叫"打春"，寓意着春耕正式开始。

（6）迎春：在接春时刻前，主殿开门迎春，殿前置"迎春接福"案桌。接春时刻，用三眼铳鸣放鞭炮，焚香行祭礼迎春。

（7）抬神迎春赐福：九华乡的士、农、工、商等行业的代表人物这一天集合到一起，手持干香。配备锣鼓班子打起《将军令》、戏班子演奏《朝天子》等曲，壮硕的大汉抬着句芒神像到各村巡游，给各个村庄迎春赐福。

三、传统饮食

1. 春卷

旧时一到立春时节，衢州家家户户和面、擀皮，切好各式各样新鲜的青菜，制作春卷。春卷皮薄如蝉翼。软薄筋道的春卷皮包上用猪油下锅翻炒的新鲜包心菜、大白菜、生菜、胡萝卜、香菇丝，新鲜爽口，真可谓春天的第一道美食，寓意着一年有个好开端！如今，亲自制作春卷的家庭不多了，街市上都有不少叫卖春卷皮和春卷成品的小贩，花上一些钱便可以获得制作春卷的各类食材的半成品或是已经做好的春卷——虽然程序简单了很多，但立春的仪式感不能少。

2. 春饼

衢州"九华立春祭"上有一个重要的仪式就是"咬春"，也叫"尝春"，咬的就是春饼。春饼其实是一种烫面薄饼，用它来卷春天的时令菜吃。

3. 春盘

春盘的做法则是在春饼的基础上将饼与生菜以盘装之，称为春盘。春盘也是人们对新春初始，万物初新，寄寓一年身体健康愿望的传统美食。唐《四时宝镜》记载："立春日，食芦菔、春饼、生菜，号'春盘'。"

4. 吃萝卜

"咬春"还可以咬萝卜，取古人"咬得草根断，则百事可做"之意。衢州立春祭当日吃新鲜的萝卜，还有一种说法是可以去春困。

四、立春农事

一年之计在于春，立春象征着春季的开始，气温回升，地面回暖，民间有农谚"立春春打六九头，春播备耕早动手"，勤劳的农民们纷纷开始这一年的耕种准备。立春时的农事活动对农民至关重要：浙江地区的农民给冬季油菜追肥，播种早稻；北方地区的农民则开始整渠灌溉、耙地除草、防旱保墒；江淮地区的农民既要管理好小麦，又要整理水田准备播种早稻，还要为瓜果茄蔬的种植播种育苗，希望迎来一个丰收年。

立春后，随着气温慢慢回升，小麦开始返青，农民走进麦田，开始清除杂草，此时冬小麦幼苗有些还比较弱，还需要及时为其浇水施肥，促进小麦生长。果园里的果树经过一个冬天的寂寥，也开始萌芽生长，这时候需要清除果园的落叶、杂草、废弃的果袋和杂物等，消灭潜藏在其中过冬的害虫。果农们还会为果树主干涂上白剂，杀虫灭菌，防止野兽啃树，还可以减少树干对热量的吸收，缩小温差，避免果树受冻，为结硕果做好准备。蔬果也要注意保温防冻。随着气温的回升，瓜果茄蔬快速生长。瓜果茄蔬既容易因湿度大增出现灰霉病、生蚜虫，也容易因昼夜温差大而冻伤。瓜果比茄蔬类更容易受冻，农民可以在温室大棚四周堆放稻草，晚上将稻草覆盖在棚顶，抵御冷空气的入侵，保护幼果和菜叶。还要做好棚内温湿度管理，降低棚内湿度，合理施肥水，及时整枝、摘除病老叶，喷施对口农药预防，等等。在江浙地区，水稻也是立春播种的重要粮食作物，立春之后，大部分地区就要做好育苗的准备了。育苗之前，必须先将稻田的土壤翻过，使其松软，这个过程分为粗耕、细耕和盖平三个阶段。过去使用水牛和犁具来整地犁田，但现在多用机器整地了。农民还需要对种子进行处理，这样能够提高种子的发芽率，从而提高出苗率。首先需要晒种，接着浸种，然后进行催芽，等百分之八十的水稻种子发出芽白，就能播种了。这样不但提高了水稻的出苗率，还提高了水稻的抗病虫能力。

虽然人们习惯把立春作为春天的开始，但是立春之后乍暖还寒，气温并不一定能马上回暖，农作物可能还会处于冰天雪地里，所以科学掌握节气气候和农作物生长规律，农事就会事半功倍。

五、拓展知识

除了最具代表性的"九华立春祭"外，浙江还有遂昌的"班春劝农"仪式，也极具文化特色，是立春的重要庆典。2011年"班春劝农"被列入国家级非物质文化遗产保护名录，2016年其被列入联合国教科文组织人类非物质文化遗产代表作名录。"班春劝农"是遂昌传统的迎春文化仪式。"班春"即颁布春令，"劝农"是劝农事，策励春耕。明代著名文学家、戏剧家汤显祖任遂昌知县时，以勤政爱民、兴教化、励农桑著称。那时起，"班春劝农"成为每年春天县衙鼓励农人春耕生产的一项重要活动，并传承至今。

明代著名文学家、戏剧家汤显祖任遂昌知县时，十分重视立春仪式，提前一日便按照礼制习俗，在城郊进行祭祀春神、鞭春牛、赠春鞭等仪式，颁布"春耕令"，"班春劝农"仪式也因此有了雏形。诗《班春二首》中言："今日班春也不迟，瑞牛山色雨晴时。迎门竞带春鞭去，更与春花插两枝。""家家官里给春鞭，要尔鞭牛学耕田。盛与花枝各留赏，迎头喜胜在新年。"汤显祖的名著《牡丹亭》第八出"劝农"的民俗背景也取材于遂昌。立春当日，在"班春劝农"传承基地淤溪村，根据《牡丹亭》场景记载及相关史志复原，百姓家都会准备香烛、制旗、做花灯、糊纸春牛、做春饼，准备牲畜祭祀用品敬句芒神。

六、有关节气的诗词谚语

1. 诗词

京中正月七日立春

唐·罗隐

一二三四五六七，

万木生芽是今日。

远天归雁拂云飞，

近水游鱼迸冰出。

赏析　首句连用七个数字，既暗寓正月初七是人日，又含蓄表达了诗人仿佛在数着手指计数，盼望和欢呼立春之日到来的心情。全诗通俗明快，别具一格。

立春偶成

宋·张栻

律回岁晚冰霜少，

春到人间草木知。

便觉眼前生意满，

东风吹水绿参差。

赏析　这是一首节令诗。作者描写了一派生机勃勃的春日图景，表现出对欣欣向荣之景的渴望。首句写立春时刻冰雪消融，次句以拟人手法写树木感觉到春天的气息。后两句是诗人的想象，诗人仿佛看到眼前处处春风明媚，碧波荡漾。这首诗语句活泼，富有动感。

2. 农谚

立春雨水到，

早起晚睡觉。

赏析 ｜ 时至立春，白昼长了，夜短了，太阳暖了。气温、日照、降雨，趋于上升或增多。农作物长势加快，耗水量增加，提醒农民应准备春耕，及时浇灌追肥。

立春落雨到清明，

一日落雨一日晴。

赏析 ｜ 立春到清明这段时间，会出现一天下雨一天放晴的天气。这是农民根据经验总结出来的。

第二节

雨水：杏花春雨江南　雨水杭城笋飘香

 一、节气起源

雨水是一年当中的第 2 个节气，在公历 2 月 19 日前后，此时，太阳到达黄经 330 度。雨水来临，代表雪渐少、雨渐多，气温回暖，降水量增多，故名为雨水。

《气候集解》中说："正月中，天一生水，春始属木，然生木者必水也，故立春后继之雨水。且东风既解冻，则散而为雨水矣。"所以雨水节气主要反映了降水现象。历史文献汇编《逸周书》中记载：雨水节后"鸿雁来""草木萌动"。雨水节气后飞雪不见，春雨淅沥，润物无声，此时黄河中下游以南地区开始下雨。

二、民间活动

雨水节气前后，万物开始萌动。这个节气的民俗活动留存至今的并不多，随着城镇化进程的加速，相关纪念活动几乎消失。坐落于群山绿水之中的浙江富阳湖源乡上臧村传承传统民俗并加以发展，在雨水节气有唱"雨水"、诵"雨水"、吹"雨水"、听"雨水"、龙舞笛韵迎"雨水"等活动。

1. 占稻色

旧时农村喜欢用爆炒糯米花的方式，来预测当年稻谷的收成。爆出来的糯米花越多，预示着收成越好。南宋范成大的《吴郡志》就记载了长江中下游一带的习俗："爆糯谷于釜中，名孛娄，亦曰米花。"他在《上元纪吴中节物俳谐体三十二韵》中也有记载："拈粉团栾意，熬秭膈膊声。"现在这一习俗日渐消失，就连炸爆米花的老农骑车拉着工具在农村出没的身影也是极少见到了。

2. 赏花

雨水时节春意盎然，植物花草得雨露滋润，生长茂盛，二十四番花信风之雨水花信是一候菜花，二候杏花，三候李花。古人有"望杏瞻榆"的习俗，望着杏花开，看着榆钱落。所谓"杏花春雨江南"，只写了杏花开时的唯美，没有写杏花开后的繁忙春耕。春雨贵如油，赏花之余，农民借着雨水的滋润忙碌耕种，在鸟语花香之中猜测气候密码，顺应草木之枯荣、蛰虫之启闭的缜密序列。

3. 严州虾灯

严州虾灯，俗称虾公灯，一般在农历正月十三到十八日，雨水节气期间出现。古严州府所在地为今日杭州建德梅城镇，至今还流传着一种传统民间群舞类的彩灯节目——舞虾灯和舞龙。雨水节气期间，舞虾灯和舞龙队伍一起走街串巷，成为杭州民俗中一道轻快明丽的流动风景线。它还入选了第二批浙江省非物质文化遗产名录。严州虾灯舞得既热情奔放又活泼逗趣，生动展示了"小虾敢与龙共舞"的团结拼搏的精神。

4. 舞板龙

每年2月19日前后雨水节气时，在杭州富阳区湖源乡窈口村文化广场上，村民们用58张板凳串联成一条长达130米的巨型板龙。村民们载歌载舞，舞动板龙，别有雨水节气的特殊意味，也包含着人们对风调雨顺的美好期望。

三、传统饮食

1. 春笋

杭州春天的笋有多好吃呢，从文人雅士到美食家，无不赞叹。李商隐曾道"嫩箨香苞初出林，于陵论价重如金"，就连乾隆南巡到杭州的时候也深深爱上了这鲜美的春笋。用春笋制成的江南美食有春笋炖鸡、油焖笋、春笋酒烧鸭子、春笋五香羊肉等。春笋有着"素食第一品"的美誉，立春后就已经冒尖。雨水节气，天气回暖了，降水也越来越多。每下一次雨，春笋就会从土里钻出来一点，春笋节节高，一批批冒出土壤。刚刚冒尖的春笋是最嫩最好吃的，口感鲜脆，不管是用来炖汤还是清炒或者是油焖都非常好吃，鲜嫩脆香，自然成为人们喜爱的春季佳肴，从古至今都受到人们的喜爱。所以在雨水节气，杭州人一定要吃春笋。

2. 春芽

大家都知道吃蔬菜的重要性，而吃蔬菜一定要选择当季蔬菜。雨水节气，浙江地区吃当季新鲜蔬菜叫作吃春芽，包括吃香椿、豆芽、蒜苗、豆苗和莴苣等。

3. 韭芽鸡丝

韭芽鸡丝是一道普通的杭帮菜，适合雨水时节吃。民间有云："雨水复雨水，韭芽鸡丝烩。"雨水时节韭芽最鲜嫩，配上白嫩鲜香的鸡胸肉，便是一道制作简单、味道鲜美的杭帮菜。此菜还有益脾之功效，也适合雨水节气身体调养的养生之需。

4. 红豆粥

雨水节气的时候，其实也是人们脾虚、气血不足的时候，因为这个阶段太阳很少出现，晒不到阳光，人也非常容易颓废，所以应该多吃一些补气血的食物。而红枣粥就是非常不错的食物，补气补血还养胃。

5. 爆米花

雨水节气有占稻色的习俗，通过爆出的米花的多少来预测当年稻谷的收成和成色。因此，爆米花就成了这个节气的特色小吃。

四、雨水农事

"好雨知时节，当春乃发生。"雨水节气的到来意味着降水开始，这时浙江地区的平均气温多在 10℃以上，霜期至此结束，大地春意盎然，一派早春的景象。杭州及周边地区的春笋开始破土而出，农民们开始查看春笋的长势，做好挖春笋的准备。但北方地区则寒气未尽，昼夜温差较大，仍是春寒料峭。这时南方的庄稼果蔬生长比较快，需要丰沛的降水，所以人们常常说"春雨贵如油"。如果这时能迎来一场春雨或者能够及时灌溉，粮食果蔬丰收就有了保障。农谚说："雨水有雨庄稼好，大春小春一片宝。"

雨水节气期间，南北气候仍有差异，农作物的管理也有一定的差异。北方地区冬小麦生长速度加快，农民需要浇水灌溉，满足小麦拔节孕穗的需要。而浙江地区大部分时间天气温暖，雨水相对较多，早稻已经开始育苗，还需要关注倒春寒对秧苗的危害，趁晴天及时播种；此时，油菜开始抽薹开花，需要水分，也要及时关注降水量。除了水稻、油菜外，还需要管理好蔬菜苗，比如韭菜苗、茄子苗、番茄苗、辣椒苗、西瓜苗等，注意育苗大棚的通风，防止闷坏幼苗，也要防止气温过高，秧苗生长过快。雨水节气期间是育苗、栽培、温室大棚管理最繁忙的时间，管理好，育好苗，才能实现丰收。

在雨水节气里，人们从"七九"走到"九九"，农谚有"七九河开八九燕来，九九加一九耕牛遍地走"的说法，这生动地描述了在春风化雨的作用下，农村的广阔天地呈现出一派生机勃勃、春意盎然的农忙景象。

五、拓展知识

1. "龙抬头"

雨水节气中的最后几天就是民间所说的"二月二，龙抬头"。"二月二"这一说法起源很早，民间流传"二月二，龙抬头；大仓满，小仓流"，象征着春回大地，万物复苏，也寄寓着人们对风调雨顺、五谷丰登的向往。"二月二"这一天民间活动丰富多彩，除了祭祀掌管一方土地的"土地公"之外，还要聚社会饮，既敬畏未知的自然又娱乐大众百姓。这一天人们吃龙须饼，传说是为了纪念因大旱中悲悯百姓违反天条降雨，而被处罚压在山下的天龙。这一天还要吃春饼、爆米花等，虽然不同地区有不同的饮食，但大都与龙有关，比如吃水饺叫作吃"龙耳"，吃春饼叫作吃"龙鳞"，吃面条叫作吃"龙须"，吃米饭叫作吃"龙子"，吃馄饨叫作吃"龙眼"。

2. 雨水养生

俗话说"春捂秋冻"，雨水期间要注意防倒春寒，勿过早减外衣。雨水之后空气中水分增加，导致气温不仅低，而且寒中有湿，"燥寒冻肉，湿寒入骨"。这种湿寒的气候对人体内脏和关节有一定的影响，人体也容易出现"湿""困"。体热外泄，湿寒交换于内，入骨易伤骨关节致病。雨水养生最关键的一点就是要注意保暖，保护好脾胃，滋补肝肾。除此以外，雨水节气期间，雨天增多，阴雨天会使人心情低落，这时要多吃新鲜果蔬，保持好心情，规律饮食和作息，预防心理疾病。

六、有关节气的诗词谚语

1. 诗词

七绝·雨水时节

宋·刘辰翁

郊岭风追残雪去，

坳溪水送破冰来。

顽童指问云中雁，

这里山花那日开？

> **赏析** 诗人描写了雨水节气时的景物变化。河涧中，山岭上，冰雪消融，化作雨水流入溪流中；孩童出来玩耍，大雁也飞回了北方，只待山花开放。全诗表现了春天万物复苏和生机盎然的景象。

2. 农谚

雨打五更头，

午时有日头。

> **赏析** 雨水节气里五更（凌晨3—5时）下雨，到了中午时候天就会放晴。

第三节

惊蛰：春雷一响惊百虫
宁波惊蛰"扫虫节"

一、节气起源

　　惊蛰是一年当中的第 3 个节气。每年的公历 3 月 5 日或 6 日为二十四节气的惊蛰节气，"惊蛰地气通"，惊蛰时气温不断升高，土地逐渐解冻，春雷隆隆，冬眠的虫蛇逐渐苏醒，爬出地洞，开始出来活动，因此这个节气叫作惊蛰。传说，惊蛰日打雷的话，这一年的庄稼就会丰收，因此有"惊蛰闻雷，米面如泥"的农谚。唐诗有云："微雨众卉新，一雷惊蛰始。田家几日闲，耕种从此起。"农谚也说："过了惊蛰节，春耕不能歇""九尽杨花开，农活一齐来"。在古代，人们还有一种错误的认识，普遍认为冬眠的动物是被春雷惊醒的。古人受百虫被春雷惊醒这一认识的误导，将这一天称为"启蛰"，这个名字一直用到汉朝皇帝刘启的时代，为了避皇帝名讳，才将"启蛰"改为"惊蛰"。"蛰"就是"藏"的意思，冬天到了，很多动物躲起来冬眠，叫"入蛰"；到了第二年大地回春时再钻出来，叫"出蛰"。我国劳动人民自古很重视惊蛰，惊蛰一到就意味着忙碌的春耕开始了。

我国古代将惊蛰分为三候：一候桃始华，二候仓鹒鸣，三候鹰化鸠。描绘了春季桃花开放，黄莺发出清脆叫声的仲春景象。惊蛰前后各地天气已开始转暖，雨水渐多，大部分地区都进入了春耕。地表气温升高，雨水增多，土地湿润，在泥土中冬眠的虫蛇被惊醒，开始出来活动，虫卵也要开始变成幼虫。惊蛰是反映自然物候现象的一个节气，《气候集解》中说："万物出乎震，震为雷，故曰惊蛰。是蛰虫惊而出走矣。"陶渊明在诗中说："仲春遘时雨，始雷发东隅。众蛰各潜骇，草木纵横舒。"实际上，虫蛇是听不到雷声的，而泥土中水分增多变得潮湿，气温升高变得闷热，才是其结束冬眠"惊而出走"的原因。

二、民间活动

1. 祭雷神

二月节，万物出乎震，震为雷，故曰惊蛰。所以百姓认为惊蛰是雷神出没的日子，奉雷神为节气神。谚语"天上雷公，底下舅公"即表达了百姓对雷神的重视。

2. 扫虫

惊蛰雷动，百虫惊而出走，虫蛇从泥土里爬出来，开始活动，逐渐遍及田园、家中，或殃害庄稼或滋扰生活。因此惊蛰期间，各地民间均有不同的除虫仪式。浙江宁波地区的农家视惊蛰为"扫虫节"，他们拿着扫帚到田里举行扫虫的仪式，比喻将一切害虫都"扫除"干净。在民俗中，扫帚什么都能扫，如扫除妖魔鬼怪、扫除疾病、扫除晦气、扫除虫害。如遇上虫害，江浙一带家家户户就纷纷将扫把插到田头地间，以示请扫帚神来帮助消除虫灾。农村的老头儿还会在惊蛰这一天拿着一根长竹竿，将房顶瓦片敲打一遍，驱赶出蛰伏在屋顶的蛇虫鼠蚁，将其一并扫除消灭。

3. 炒豆

惊蛰当天江南地区有炒豆风俗，豆子爆炒时发出声响，就像虫子遇火发出的声音一样。清代蒋士铺《东湖竹枝词》中所述"剪彩花朝挂树红，杏花村里雨蒙蒙。家家打豆忙惊蛰，小妇厨前唤炒虫"，不仅提到炒豆之俗，也提到了惊蛰剪彩花挂红的习俗。

三、传统饮食

1. 醪酒

春天到来，人的全身毛孔也打开了。惊蛰时节家家户户要喝醪酒、吃鸡蛋煎饼拌芥末汁，驱除身体积存的寒气。惊蛰这天，如果家里正好有自酿糯米酒，宁波人就可以喝滤去醪糟后的醪酒了。醪酒喝得全身暖，让人不由想起那句童谣："惊蛰过，暖和和，蛤蟆老角唱山歌。"

2. 煎香油饼

香油就是芝麻油，是用芝麻籽榨取的脂肪油，性甘微寒，是淡黄色或金黄色的油状液体，暴露在空气中也不易蒸发。《本草纲目》称芝麻油可解热毒，灭毒虫。用香油煎炸食物，香气四溢，可使灶台上的虫类绝迹，俗称"熏虫"。惊蛰这日各地均有煎食糕饼的风俗。

3. 吃炒豆

惊蛰当天有炒豆风俗。宁波地区的人们会吃炒豆，咀嚼炒豆的声音，预示消灭害虫。

4. 吃梨

旧时宁波有惊蛰吃梨的传统。这有让害虫离开的寓意，常吃还有润肺止咳的功效。

四、惊蛰农事

惊蛰节气，浙江大部分地区都进入了农忙季，惊蛰是气温回升最快的节气，这时大部分地区的平均气温有12℃—14℃，日照时间也逐渐变长，此时风和日丽，适合各类农业活动。有农谚"过了惊蛰节，锄头不能歇"，惊蛰期间的繁忙景象可见一斑。

此时，北方地区小麦已经拔节抽穗，江南地区的油菜也开始见花，需要充足的水和肥。此时虽然气温回升较快，降水量却没有大幅增加，干冷的冬季后并没有迎来充沛的降水，反倒常常出现春旱，因此及时浇水灌溉是保障粮食产量的重要因素。此时还是梨、桃、李等落叶果树的开花抽梢期，及时除草浇水施肥是果树丰收的重要条件。在江南地区，惊蛰前后，早稻继续播种，柑橘、杨梅等果树也开始萌芽。宁波地区，杨梅开始开花抽梢，要及时疏花，保证果子的质量。

五、拓展知识

《黄帝内经》曰："春三月，此谓发陈，天地俱生，万物以荣，夜卧早起，广步于庭，披发缓形，以使志生。"其意是，春季万物复苏，应该早睡早起，散步缓行，可以使精神愉悦、身体健康。这概括了惊蛰养生在起居方面的基本要点。

惊蛰后，人们常感到困乏无力、昏沉欲睡，早晨醒来也较迟，民间称之为"春困"。这是因为春回大地，天气渐暖，人体皮肤的血管和毛孔也逐渐舒张，需要的血液供应增多，汗腺分泌也增多。但由于人体内血液的总量是相对稳定的，供应外周的血量增多，供给大脑的血液就会相对减少，所以容易出现"春困"。惊蛰时节冷暖变化无常，因而"春捂"尤为重要，不宜过早脱去御寒的衣物。饮食起居应顺肝之性，助益脾气，令五脏和平。老人更要注意身体的保养，如养生不当则可能伤肝。

六、有关节气的诗词谚语

1. 诗词

观田家

唐·韦应物

微雨众卉新，一雷惊蛰始。

田家几日闲，耕种从此起。

> **赏析** 诗人在此诗中用通俗易懂的诗句描写了田家的劳碌和辛苦，表达了对其的同情。全诗笔法朴实自然，不加渲染夸饰。

2. 农谚

惊蛰闻雷，米面如泥。

> **赏析** 雷声隆隆，闪电也特别多，这时农夫也忙着播种插秧。据说，这一天假如打雷的话，当年收成会特别好。

第四节

春分：春分到蛋儿俏　临安街巷酒飘香

一、节气起源

春分作为二十四节气中的第 4 个节气，是春季 90 天的中分点，常在公历 3 月 20 日前后。春分这一天太阳直射地球赤道，所以"春分"二字有两层意思：一天中昼夜平分；春季三个月中的中间，平分了春季。所以古人有春分日"白天黑夜两均分"的说法。有诗《春分》为证："日月阳阴两均天，玄鸟不辞桃花寒。从来今日竖鸡子，川上良人放纸鸢。"

春分三候：一候玄鸟至，二候雷乃发声，三候始电。玄鸟，有人认为就是燕子，它春分而来，秋分而去；雷为振，为阳气之声，它也是随着春分而来；再五日，电闪雷鸣。《气候集解》："二月中，分者，半也，此当九十日之半，故谓之分。"《春秋繁露义证·阴阳出入上下》说："春分者，阴阳相半也，故昼夜均而寒暑平。"

二、民间活动

春分节气，民间的一些节气活动在浙江临安地区仍然很流行，像春分立蛋、放风筝、酿酒、吃春菜、祭祖等，因为简单方便、有趣味，以及和人们的日常生活息息相关，被很好地保留了下来，并且加以传承发展，成为人们日常生活的一部分。每年春分前几日人们便开始为这一天的活动做准备了。

1. 立蛋

"春分到，蛋儿俏。"春分这天是临安家家户户小朋友最开心的日子，因为多了一项有趣的活动，就是比赛立蛋，看谁可以把蛋立起来。据史料记载，4000 年前古人就发现在春分这一天可以把鸡蛋立起来，为了庆祝春天的到来，还会举行立蛋比赛，流传至今。每到春分日，人们比赛立蛋成为一大娱乐项目。其实根据科学解释，真正使蛋立起来的原因是蛋壳虽然是曲面，但是蛋壳本身凹凸不平，它与桌面接触的部位并不是一个点，加上蛋黄的下沉会降低蛋的重心，只要找到 3 个突出点，就能很稳当地把鸡蛋立住。因此，鸡蛋其实在一年中的任何一天都可以竖立，而且立稳的鸡蛋在没有外力干扰的情况下，可以保持十几天不倒。

2. 祭祀

古代，春分日常举办祭祀活动。小朋友们忙着立蛋，大人们要准备祭祀用的祭品，大家各司其职，为这一天忙碌着。古代帝王有春天祭日、秋天祭月的礼制。除了祭日外，还有一项重要活动——祭祖。与各个重要的节气相同，春分日也要扫墓祭祖，称为春祭。春祭持续时间比较长，从春分日开始最迟到清明结束。如今人们已经告别了祭日大典，只能在古书典籍里找到当时的盛况，但扫墓仪式还在延续。

3. 春社日

春分前后是春社日，即神农药王节。相传炎帝神农氏带8名随从到湖南仁安境内尝百草，治百病，教导百姓农耕。人们为了纪念炎帝神农在安仁"制末粗奠农工基础，尝百草开医药先河"的伟大功绩，便在神农所殁之日，即春分这天进行买卖草药及其他纪念活动。这一活动慢慢从仁安本地传至周边数百县，乡村不论大小，村中心都要建社坊，用来供奉社神，燃烧社火，分享社酒、社肉、社饭，排演社戏。社日是乡村的集体公共节日，家家参与，人人踊跃。在束缚较少的唐宋社会，社日给人们提供了狂欢的机会，民众在社日时尽情娱乐，为社日增添了喜气与热闹。人们祈求风调雨顺、人丁兴旺、五谷丰登、国泰民安。鲁迅的小说《社戏》中在赵庄看戏的情节，描写的正是民国之初春社日前后江南社戏上演的场景。该活动在2014年被列入国家级非物质文化遗产名录。

4. 酿酒

在临安地区流传着春分日酿酒的习俗。县志记载，当地"'春分'造酒贮于瓮，过三伏糟粕自化，其色赤，味经久不坏，谓之春分酒"。在山西陵川，春分这天不仅要酿酒，还要用酒、醋祭祀先农，祈求庄稼丰收。

三、传统饮食

1. 春菜

浙江临安地处杭州西郊，位于浙江省西北部天目山区，山清水秀。春分日天气温暖，是人们出门踏青采野菜的好时节。春分那天，全村人都去采摘春菜，在田野间搜寻。常见的春菜有艾草、麦芽、马兰头等，可以做成滚汤，有顺口溜"春汤灌肠，洗涤肝肠，阖家老小，平安健康"。民间流传着春分吃菜花饼的习俗。一块块圆圆的小饼，就是菜花饼，像极了一朵朵盛开的油菜花。春分时节，一边欣赏着田间的油菜花，一边品尝着菜花饼，一份儿时的回忆油然而生。麦芽圆子也是春菜的一种，是初春的时令点心，主要由艾草、麦芽、糯米粉做成。天气暖了几天后，艾草一长出来，村民们就会摘艾草尖做麦芽圆子。一口咬下去，就真切地感受到了春天的来临。马兰头也是常见的春菜。作为一种野菜，其在临安田间山野里极为常见，营养价值很高，并且还具有凉血止血、清热利湿、解毒消肿的功效。马兰头入药可辅助治疗吐血、流鼻血、创伤出血、感冒、咳嗽等，非常适合在春天食用。不论吃哪种春菜，人们内心祈求的还是家宅安宁，身强体壮。

2. 米酒

临安春分要酿酒。家家户户几乎都能飘出酒的香味。有甜酒酿、酸甜的米酒、黄酒等。能喝上几口新酿的甜甜的米酒是极幸福的事，待到春天慢慢溜走，再入口的米酒就略带酸涩了。

3. 花蜜

春季又是花季。临安地处山区，春天来了，一片片花田赶着趟儿开花，梨花、桃花、油菜花一夜之间竞相开放。我国古代以五日为一候，三候为一个节气。每年从小寒到谷雨这8个节气里共有24候，每候都有某种花卉绽蕾开放，古人称为"二十四番花信风"。所谓花信风是某种节气时开了花，因其应花期而来的风，便叫信风，带来了花期的音信风候，春分三候各代表的花为海棠、梨花、木兰花，除此之外还有油菜花、桃花、樱花、迎春花。春分节气是看花赏花的好时节，也是花中精灵——蜜蜂蹁跹起舞，勤劳采蜜的最好的日子，是临安人家收花蜜、吃花蜜的时节。桃花蜜、梨花蜜、野花蜜、油菜花蜜……各式各样，营养价值丰富，是寻常人家吃得起的营养品。《癸丑春分后雪》云："雪入春分省见稀，半开桃李不胜威。应惭落地梅花识，却作漫天柳絮飞。"

4. 粘"雀子嘴"

春分这一天家家户户都要吃汤圆，而且还要把不用包心的汤圆煮好，用细竹叉着放置于室外田边地坎，名曰"雀子嘴"，免得麻雀等鸟类来破坏庄稼。所以春分日农民家里会吃无馅汤圆，来讨五谷丰登的好彩头。

四、春分农事

春分节气，我国大部分地区平均气温已达15℃，南方地区甚至已经达到18℃—20℃。临安天目山九狮村，满山都是青翠的竹林，这里的黄土覆盖率远远高于其他区域，生长着全国最优质的春笋。惊蛰时节是春笋大批量上市的时间，为了这口鲜，农民们争分夺秒。天麻麻亮的时候，农民就带着祖传的工具到竹林里挖笋了。此时，浙江地区的农民除了挖笋外，还要做好清沟理墒工作。另外此时也是油菜产量形成的关键阶段，要尽量避免冻害，减轻湿害对油菜等作物的不利影响。

此时，春玉米、大豆、棉花开始播种，需加强田间管理，保墒，适时中耕除草，减少水分散失。大豆需要在 10℃ 以上才可以播种，气温低会导致发芽慢，降低出芽率，过晚播种温度太高又容易减少生长的时长，降低产量。早稻也是育秧时，最好避开冷空气进行，如果在冷空气来临前已经播种了，已出苗的地区要加强秧田水肥管理，可以根据天气预报提前灌水或者覆膜保温，力争培育壮秧；没有播种的地区可以在冷空气末期浸种催芽，在气温回暖时抢晴播种。春分时，虽然平均气温已达 15℃，但春季气温变化多端，仍要注意气温的变化，防止大风和气温骤降对农作物造成危害。

五、拓展知识

春分节气的特点是阴阳平衡，养生也要注重保持人体的阴阳平衡，故春分也是养生的好时节。嵇康在《养生论》中记载："春三月，每朝梳头一二百下。"春分后尤其适合梳头养生，因为在中国古代，人们认为这段时间大自然阳气萌生，人体的阳气也有向上向外生发的特点，此时多梳头，可以疏通经络气血，健脑聪耳，散风明目，防治头痛。

六、有关节气的诗词谚语

1. 诗词

春分日

南唐·徐铉

仲春初四日，春色正中分。

绿野徘徊月，晴天断续云。

燕飞犹个个，花落已纷纷。

思妇高楼晚，歌声不可闻。

> 赏析 | 春分时节，春色正盛。满眼绿意，阳光暖柔，闲云飘浮。落花纷纷，燕群飞舞。深闺思妇登上高楼，一曲思歌遥寄。

2. 农谚

春分前后怕春霜，一见春霜麦苗伤。

> 赏析 | 春分时节，天气变化较为频繁。如果出现春霜，地里的麦苗就要被冻伤，对其生长十分不利。

吃了春分饭，一天长一线。

> 赏析 | 春分过后，太阳直射点逐渐向北移，北半球白昼的时间一天比一天长，到夏至达到最长。

第五节

清明：天台柳枝插檐　清明祭祀寒食

 一、节气起源

　　清明是二十四节气中的第 5 个节气，一般在公历的 4 月 5 日前后。清明节又叫踏青节，在仲春与暮春之交，也就是冬至后的第 104 天。清明节气时间很长，有"十日前八日后"及"十日前十日后"两种说法，这近 20 天内均属清明节气。清明时雨水增多，寒气散尽，是万物生发、播种的季节，故有"清明前后，种瓜种豆"的谚语。清明节是唯一一个以节气命名的传统节日，

是非常重要的祭祀节日，"清明时节雨纷纷，路上行人欲断魂""佳节清明桃李笑，野田荒冢只生愁"，从这些诗句中可以看出祭祖和扫墓是清明节重要的活动。2006年，清明节被列入第一批国家级非物质文化遗产名录。清明节是重要的"八节"之一，此"八节"乃上元、清明、立夏、端午、中元、中秋、冬至和除夕。在二十四节气中，唯有清明最为特殊。它既是节气，也是节日，自古就被赋予了自然与人文的双重内涵。清明节习俗，除了上坟扫墓外，还有踏青郊游、荡秋千、斗鸡、打毯、拔河等。其中扫墓是很古老的，有坟必有墓祭，后来因与三月上巳之俗相融合，便逐渐定在寒食上祭了。《唐书》记云："寒食上墓，礼经无文；近代相沿，浸以成俗。士庶之家，宜许上墓。编入五礼，永为常式。"宋庄季裕《鸡肋编》卷上："寒食日上冢，亦不设香火。纸钱挂于茔树。其去乡里者，皆登山望祭。裂冥帛于空中，谓之"擘钱"。而京师四方因缘拜扫，遂设酒馔，携家春游。"

2. 民间故事

最初只有王侯将相享有在清明节这一天墓祭的特权，后来民间名门望族也效仿，在这一日为自己的祖先扫墓祭奠，再后来传入寻常百姓家，于是在这一日扫墓祭祀便代代相传，成了一项固定的民间活动。最初，清明节和寒食节为两个节日，清明节是4月4日至4月6日中的某一天，用二十四节气中的清明节气命名；寒食节是冬至后的第105天，古代民间这一天禁火，不能烧制食物，只能吃冷食，所以叫寒食节，又称为"禁烟节"。直到唐朝，祭拜扫墓的日子才被定为寒食节，那时清明节和寒食节才合二为一。

二、民间活动

1. 扫墓

为寄托对祖先的"思时之敬",清明扫墓的习俗由来已久。据考,祭祖扫墓在秦代以前就有了,但不一定是在清明节,清明节扫墓是从唐朝开始的。明代记载了京城历史、地理、文化等珍贵资料的《帝京景物略》中有提及:"三月清明日,男女扫墓,担提尊榼,轿马后挂楮锭,粲粲然满道也。拜者、酹者、哭者、为墓除草添土者,焚楮锭次,以纸钱置坟头。望中无纸钱,则孤坟矣。哭罢,不归也,趋芳树,择园圃,列坐尽醉。"清明扫墓祭祖的盛景可见一斑。乾隆年间编纂的《清通礼》中也有记载:"岁,寒食及霜降节,拜扫圹茔,届期素服诣墓,具酒馔及芟剪草木之器,周脈封树,剪除荆草,故称扫墓。"其对清代百姓清明扫墓的景象做了详细的描述,并流传至今。

在浙江,扫墓不局限在清明当天,一般在清明前后举行,有"前三后四"的说法。以浙江台州天台县为例,天台人民在清明节为祖先扫墓、祭拜,与其他地区不同的是,天台人的祭品除了常规的祭祀食品外,还有地区特有的青团和清明饺。《浙江通志·风俗》和《台州府志》中记载:"各具酒馔扫墓,会亲族享饴馀。"这一天,台州各县民间不分贫富,都在各自的祖先墓前设馔致祭,祭品多是青团和家常菜,也有水果。上过坟后,人们常在坟头上挂彩色幡,表示该坟有下代照管。

2. 插柳

天台县在清明有插柳簪的习俗,人们喜欢将柳枝插在屋檐下和门上,小朋友还会编柳枝帽戴在头上,妇女们会将柳枝插在发髻上。民间认为,"插柳"可以祛除病害,保佑一家人平安健康,所以有"戴花插柳活八百"的说法。旧时台州还有戴柳圈的风俗,天台县民谣唱道:"清明不插柳,来世无娘舅；清明不戴花，来世无娘家。"康熙《台州府志》记载："（清明）家家插柳于门，或簪之。"绍兴也有民谣"清明不戴柳，红颜变白头"。

3. 踏青

约从唐代开始，清明节祭祀还融合了上巳节的内容。古时百姓在农历三月初三举行上巳节仪式，主要风俗有踏青、祓禊（临河洗浴，以祈福消灾），体现了人们对神清气爽、健康长寿的向往。晋代陆机有诗写道："迟迟暮春日，天气柔且嘉。元吉隆初巳，濯秽游黄河。"这首诗描绘的即是当时人们在上巳节临河沐浴、游泳、踏青的生动场面。清明节扫墓都要到郊外去，可以顺便在明媚的春光里踏青游玩，算是一种转换心情的方式。诗人王维有诗云："少年分日作邀游，不用清明兼上巳。"这从侧面体现出清明、上巳时游玩是非常常见的。

清明前后，正是"暮春三月，江南草长，杂花生树，群莺乱飞"的大好时光。人们竞相奔往芳草天涯，去郊野春游，这类活动叫"踏青"。与此同时，孩童常放风筝（台州人叫"纸鹞"）。元代赵友兰《清明述怀》诗曰："东风吹春桐始花，青青柳枝插檐斜。内园小儿得新火，紫烟已遍金张家。双鸾吹笙调莺舌，起踏秋千弄斜月。夜深步转玉兰东，笑倚梨花一株雪。"可见，至晚在宋末，台州一带便有清明插柳、踏青、荡秋千的习俗。

4. 放风筝

放风筝是清明节乃至整个春季人们十分热爱的户外活动。白天，人们在放风筝时可以观赏不同的风筝造型；夜晚，人们会在风筝上挂上一串串彩色的小灯笼，让它们一闪一闪像明星，还称其为"神灯"。旧时，百姓把风筝放上天空，然后剪断线，让风筝随风飘远，象征着消病除灾，留下来的都是好运。直至现在，杭州西湖边仍有大批人在这一时节放风筝，既可以玩耍又可以强身健体。各种象征着人们的美好愿望的造型各异的风筝在空中飞舞，成为西湖边一道亮丽的风景线。

三、传统饮食

1. 青团

清明前后浙江各地都有吃青团的习俗。这时天台县家家户户做青团，在清明节带去扫墓。除了自家食用外，还在邻居亲戚之间互相赠送以示交情。每当清明的时候，天台人总是拎着小菜篮，手持小剪刀，到附近的山上去采艾草（一种野生小草，有清香味，清明后开黄色小花）。回家后，仔细地筛选出最鲜嫩的叶子，洗净、煮熟、沥干、捣烂，与糯米粉和在一起，揉拌成青团，然后包入馅儿，甜咸都有。天台人家一般都做豆沙、桂花等甜馅的青团，最后摆上蒸笼，不一会儿，青青的、透明的、胖嘟嘟的码得整整齐齐的青团就热腾腾地出锅了。

三月清明，百花争艳，艾草也吐了新绿。天台县的街头巷尾总是早早地摆出了卖青团的摊子，偷懒的人家会买上一些，更多的人家仍然会亲手制作青团，带去扫墓。天台青团不仅美味，它的背后还藏着一个美丽的传说。相传，目莲母亲被打入地狱后，目莲送食物给母亲，却被恶鬼一抢而空。目莲眼看母亲饿得皮包骨头，奄奄一息，于心不忍，欲设法弄吃的来挽救母亲的生命。那年清明节前后，目莲上山采野菜给母亲充饥，竟发现清香扑鼻的艾草，于是采回家和米粉蒸了青团送去给母亲。蒸熟后的青团里里外外是深青色的，看上去很恶心，恶鬼见了不屑一顾，目莲母亲这才有幸吃到青团，保住了性命。从此，人们视目莲为孝子。每逢清明节，家家户户采来艾草做成青团、青饺扫墓祭祖，并延续至今。

2. 青饺

制作青饺的食材与青团大体一致。天台人家制作的青饺一般为咸馅的，馅料通常为炒的菜：笋丝、咸菜、肉丝、豆腐干等，用料丰富，别有清香，且能助消化，再捏成饺子形状，可以拿来煎、煨、烘。

《天台风俗志》记载"采菁作饼，以备寒食"，就是把艾草洗净煮熟和糯米粉捣匀，用面杖压成扁圆形，用豆沙做馅，放进特制的模子里印出花样，蒸熟以后就成为形如碧玉的青饺了。

3. 食饼筒

食饼筒又称麦油脂、五虎擒羊，是浙江台州特有的地方传统小吃，属清明必备食物。作为祭祖的食物，食饼筒的主要材料有面粉、水、粉丝及各类菜肴等。食饼筒具有面皮薄韧、作料鲜香的特点，通常在清明等节日食用。关于食饼筒的由来，一种说法是在戚继光抗倭时期，家家户户都做了菜肴想要犒劳大军。但是这么多菜怎么送去军营着实是个难题，于是聪慧的渔家女就做了饼皮，把菜都包了进去送给士兵们。另一种说法是天台济公和尚发明了食饼筒，他见每餐剩下不少菜，就把剩菜裹入面饼，下一顿再吃，所以在上海世博会期间，食饼筒又被叫作"济公卷饼"，作为中华名小吃登场。食饼筒主要做法是将面粉加水调成胶糊状，放入平底锅中配以油脂，用工具将粉浆按顺时针方向均匀地移动摊开，铺平，烙熟。再取出面皮，铺上炒粉丝，包上各类菜肴，如鸭蛋丝、黄鳝丝、豆芽、土豆丝、卤肉、洋葱等。

4. 吃螺蛳

在天台民间，清明这一天，人们喜欢买螺蛳吃。人们认为，清明日吃了螺蛳能使人眼睛明亮。这种小螺蛳也被称为"亮眼蛳"。

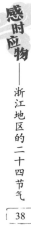
四、清明农事

整个春季都是春种农耕的好时节，清明时节也不例外。有农谚"植树造林，莫过清明"。另外，清明时节还是采摘茶叶的关键时期，清明采摘的小茶芽制作成绿茶，俗称"明前茶"，色泽翠绿，茶香幽远，但新芽萌生，产量降低，故格外珍贵。清明节还是开始采摘桑叶、搭建蚕室的时间。建好蚕室后，农民很快就开始养蚕了。蚕宝宝非常娇贵，需要悉心照料，这时候采摘、修剪桑叶就成了头等大事。小蚕单位时间内生长发育比大蚕快，对桑叶质量要求高，加之一龄蚕的移动距离小，进食的时间短，因此要选用水分和蛋白质含量多、富含糖类且老嫩比较一致的新鲜桑叶喂食。要将桑叶切小、切方，放置均匀，便于小蚕就食，帮助其发育生长。

这个时期，由于阴雨绵绵，雨水较多，光照不足，气温较高，小麦容易发生纹枯病。扬花期的小麦遇到阴雨天气容易发生赤霉病，严重的情况下可能减产50%。因此小麦抽穗后，要及时喷洒农药，预防病虫害，以防因病减产。此时，江南地区的早中稻进入大批播种季节，而华南地区的早稻栽种活动基本结束。

清明节气不仅是小麦、水稻、玉米等粮食作物种植的好时候，也是瓜豆、树木种植的最佳季节。

五、拓展知识

浙江桐乡民间流传着"清明大如年"的俗语。桐乡是江南蚕桑的主要产地，其乡间流传着丰富的蚕桑习俗，清明"轧蚕花"便是其中最具代表性的活动。

据悉，唐代开始有了"轧蚕花"活动。对江南水乡来说，蚕桑是重要的经济来源，"轧蚕花"是自然崇拜的一种表现形式，也是中国丝绸文化的有机组成部分。传统的"轧蚕花"活动，主要以买卖蚕花、祭祀蚕神、水上竞技类表演等为内容。

20世纪，随着化纤织物的兴起，蚕桑经济、"轧蚕花"庙会受到影响，几乎绝迹。改革开放后，国家日益重视对民俗文化的保护。2010年，桐乡蚕桑习俗作为中国蚕桑丝织技艺的子项目，被联合国教科文组织列入人类非物质文化遗产名录。

六、有关节气的诗词谚语

1. 诗词

清明

唐·杜牧

清明时节雨纷纷，

路上行人欲断魂。

借问酒家何处有，

牧童遥指杏花村。

> **赏析** 在古代风俗中，清明节是个色彩情调都很浓郁的大节日，本该家人团聚，或游玩观赏，或祭祖扫墓；而今行人孤身赶路，触景伤怀，心头的滋味是复杂的。偏偏又赶上细雨纷纷，春衫尽湿，又平添了一层愁绪。这首诗描写清明时节的天气特征，同时借助清明节的特殊传统意义，抒发了孤身行路之人的情绪，以及对家里亲人的思念，突出了天涯游子的孤独之感。

2. 农谚

春分有雨到清明，清明下雨无路行。

赏析 春分节气有雨，持续到清明才会晴。如果清明开始下雨，路上就会满是淤泥，无路可走。

谷雨：谷雨三朝看牡丹
四月乌镇赶香市

一、节气起源

　　谷雨是二十四节气中的第 6 个节气，一般在公历 4 月 20 日前后。古人有"雨生百谷"之说。谷雨时节也是播种移苗、埯瓜点豆的最佳时节。此时，江南"人间四月芳菲尽"，柳絮轻扬，牡丹吐蕊，烂漫的杜鹃红遍山野，樱桃也在枝头嫣红熟透……谷雨淅沥，缠绵悱恻，春天的气息中流动着生命的活力。"清明断雪，谷雨断霜"，谷雨是春季最后一个节气。古籍记载："三月中，自雨水后，土膏脉动，今又雨其谷于水也。"自然景物告诉我们：时至暮春了。中国古代将谷雨分为三候：一候萍始生，二候鸣鸠拂其羽，三候戴胜降于桑。这是说谷雨后降雨量增多，浮萍开始生长，接着布谷鸟便开始提醒人们播种了，然后是桑树上开始见到戴胜鸟，这时天气温暖适合万物生长发育。谷雨时节，东亚高空西风急流会再一次发生明显减弱和北移，华南暖湿气团比较活跃，西风带自西向东环流波动比较频繁，低气压和江淮气旋活动逐渐增多。受其影响，江淮地区会出现连续阴雨或大风暴雨。谷雨的"谷"字不仅指谷子这一种庄稼，还是农作物的总称。谚语"谷雨无雨，交回田主"是从相反的角度来说明雨水的重要性的。

2. 民间故事

据《淮南子》记载，仓颉造字是一件惊天动地的大事，公元前 2800 年左右，黄帝史官仓颉在洛河旁受"元扈凤图""阳虚鸟迹"的启示，创造了惊天地、泣鬼神的鸟迹图形字符，并将其中二十八字手书刻于元扈山峭壁之上，开创了人类文明的先河。传说仓颉是黄帝时期的史官，也是象形文字的创始人，世代尊其为文字初祖。黄帝于春末夏初发布诏令，宣布仓颉造字成功，并号召天下臣民共习之。由于仓颉造字功德感天，玉皇大帝便赐给人间一场谷子雨，以慰劳圣功，这就是现在谷雨节气传说的由来。据《山海经》《水经注》《策海·六书》《河图玉版》《淳化阁帖》《陕西金石志》《洛南县志》等古籍记载，仓颉随黄帝南巡时来到洛河上游的阳虚山下，他"登阳虚之山，临于玄扈、洛汭之水"，承神仙托梦，得灵龟负书，"遂穷天地之变，仰观奎星圆曲之势，俯察龟文、鸟羽、山川，掌指而创文字"。洛南人民为了纪念造字始祖，传承民族文明，便在造字之地——洛南保安许庙村为仓颉立庙，并于每年谷雨之时，举行祭祀活动。

二、民俗活动

1. 赶香市

　　香市从清明节开始，约半个来月。江南素有丝绸之乡的美称，乌镇的先民亦以种桑养蚕为生。《补农书》上记载："桐乡田地相匹，蚕桑利厚。"养蚕是当地农民的主要产业，蚕的好坏直接影响一年的生活，所以蚕农选在清明至谷雨农闲时，纷纷从水路、陆路赶至周边各大寺庙烧香祈求今年能够蚕桑丰收。这段时日的乌镇香客云集，随之而来的杂货摊、戏班子、小吃摊等皆是为香客服务的，一来二去，每年的"香市"就约定俗成了。清明节后至谷雨期间，乌镇西南20公里处的含山有个"轧蚕花"的庙会，赶会者从含山下来即到乌镇，于是，乌镇的香市就拉开了帷幕。赶香市的主体是农民，游春的同时，不忘捎带着出售自家做的竹器、蚕具和农副产品。妇女们的主要任务，就是要到乌将军庙前的上智潭中"汰蚕手"，以求日后养蚕顺利，无病无灾。选择清明到谷雨期间赶香市是有道理的。谷雨一到，农家就要投身到饲养春蚕的忙碌中，只有清明至谷雨这段时间有空闲，又值风和日丽，正好行乐。1933年，茅盾曾以《香市》为题著文，描绘了乌镇赶香市这一民间风俗活动。他写道："清明过后，我们的镇上照例有所谓香市，首尾大约半个月……香市的地点在社庙……香市中主要的节目无非是'吃'和'玩'。临时的茶棚，戏法场，弄缸弄甏，走绳索，三上吊的武技班，老虎，矮子，提线戏，髦儿戏，西洋镜——将社庙前五六十亩地的大广场挤得满满的。"后来，香市渐渐匿迹了。古镇保护开发后，沉淀的民风民俗也得到了挖掘整理及保护，如今香市活动已成为乌镇旅游民俗节庆的一个品牌。蚕花会庄严隆重，踏白船水上争雄，水上高竿惊险刺激，水上船拳捉对厮杀，古镇庙会热闹非凡，美食小吃丰富多样，民间戏曲更是姿态各异。近年来，乌镇香市在恢复特色民俗的同时，注重游客的参与性，增加了"非遗体验""春季食鲜"

等互动项目，整个香市集民俗、文化、娱乐、美食、体验于一体，已经成为国内外游客喜闻乐见的旅游项目。

2. 谷雨摘茶

传说喝了谷雨这天的茶可以清火、辟邪、明目、健齿、杀菌等。所以谷雨这天不管是什么天气，乌镇人都会去茶山摘一些新茶回来喝，也叫喝"谷雨茶"。

3. 渔家祭海

谷雨时节正是春海水暖之时，百鱼行至浅海地带，是下海捕鱼的好日子。俗话说"骑着谷雨上网场"，为了能够出海平安，满载而归，谷雨这天，渔民要举行海祭，祈祷海神护佑。因此，谷雨节也叫作渔民出海捕鱼的"壮行节"。

三、传统饮食

江南的谷雨时节同样也是享用美食的时节，这时的香椿、韭菜、菠菜、苋菜等，无不清香可口。

1. 熏豆茶

乌镇人称喝茶为吃茶。熏豆茶也叫烘豆茶，是江南特有的茶。不同于普通的绿茶、红茶等，它是咸茶。乌镇老底子的制作方法是将炒豆与晒干的橘皮、芝麻一起炮制而成，寓示着有滋有味。熏豆茶是乌镇地区农村里款待贵客的"三道茶"中的"迎宾茶"。炒熏豆是一件程序复杂的功夫活，先要洗净手，再剥毛豆，然后将毛豆放进略咸的水锅中一汆，生熟要恰到好处，起锅后去掉豆衣再晾干。然后将毛豆放入竹纱扁或者铁纱扁中，置于木炭或者竹炭的炭火上烘烤，炭火不能太旺，烘焙时需要不停地将毛豆搅拌翻身，待毛豆烘干起皱皮并散发出香气，即算完成。刚刚出炉的熏豆清香扑鼻，口感略咸，可干吃，也可泡成熏豆茶。熏豆茶不是我们常喝的清茶，不是作为解渴用的，而是可以吃的，功能更近似于点心。在乌镇，人们常用熏豆茶待客。

2. 香椿芽

俗语说："雨前椿芽嫩无比，雨后椿芽生木体。"谷雨前后是香椿上市的时节，新鲜的香椿醇香爽口，营养价值高，之后椿芽因变老而难以食用。谷雨时正是吃香椿的好时候，一年之中也只有在这个时候才能尝到这口"春味"。谷雨食椿，又名"吃春"。香椿具有提高机体免疫力之功效，谷雨前后的香椿醇香爽口，有"雨前香椿嫩如丝"之说。人们经过2000多年的不断创新，几乎让香椿成了百搭食材，可以拌豆腐、煎鸡蛋，用切成段的嫩芽、摊成薄皮的鸡蛋卷来食用等。

3. 香菜

谷雨前后15天，脾处于旺盛时期。中医认为香菜性温味甘，能健胃消食，利尿通便，并有发汗透疹，消食下气之功，适用于感冒、消化不良等人群。春季吃香菜能发散寒气，尤其是春寒料峭的时候最适合食用。

4. 谷雨茶

民间谚云："谷雨谷雨，采茶对雨。"谷雨是采茶的时节。乌镇谷雨前采摘的茶细嫩清香，味道颇佳。故谷雨品新茶，延续成习。这一天，民间有结伴饮新茶的风俗，有"三月茶社最清出"的说法。茶友们相约聚在一起喝一盅清香高雅的"雨前茶"，各自谈一谈自己的饮茶经验，别有一番风味。谷雨茶温凉，因为其生长在温和的春季，春季温度也适中，所以谷雨茶都有温良去火的功效特点，可以用作茶疗。

5. 赏牡丹花

谷雨前后是牡丹花开的重要时段，牡丹花也被称为"谷雨花"，有"谷雨三朝看牡丹"的说法。观赏牡丹花成为谷雨时节人们重要的休闲娱乐活动。上海的朱泾镇牡丹村因牡丹而得名。谷雨时节牡丹花蕊金黄，花瓣色泽艳丽，方圆几里外的人都会跑来观赏。

四、谷雨农事

谷雨时，乍暖还寒的春天进入尾声，气温回升更快了，更利于谷物等农作物的生长，此时仍需加强排水和防治病虫害等工作。谷雨时节接近茶园采摘春茶的尾声，春茶除了清明前的"明前茶"还有谷雨时的"雨前茶"，都是很好的养生茶。要想茶叶收成好，此时要及时给茶树追肥，铲除杂草，保障茶树生长所需的养分，才能提高产量。谷雨时气温增高，茶树生长速度加快，这时采摘的茶叶虽然没有"明前茶"那么细嫩，但叶子薄短，色泽黄绿，茶味清香，也更耐泡。

谷雨正是养猪的最佳时机，引进猪苗，利用春天翻耕之际，把杂草、多余的秧苗等富含蛋白质的绿色饲料加工后做猪食，有利于猪苗健康成长；牛羊等食草动物也一样，虽然绿色植物富含营养物质，但是要防止其过度吃青饲料而胀气。此时，水温升高，鱼类等水产进入繁殖期，保持水质好、水域平静，及时关注天气变化，是人工繁殖水产的重要条件。

五、拓展知识

　　春天天气多变，因此在饮食和养生方面很讲究。谷雨到时，已是暮春，我们该如何健康饮食、吃适合这一季节的食物呢？暮春气候复杂，不过绝大多数地区多大风天气，此时人体就容易流失水分，抵抗力就会随之下降，容易诱发、加重感冒与很多慢性病。谷雨养生"补为重"，这个时候补水就显得特别重要。一夜春眠之后，人体内水分消耗较多，晨起喝水不仅可补充因身体代谢而失去的水分，洗涤已排空的肠胃，还可有效预防心脑血管疾病的发生。喝水量以 250 毫升为宜。另外，因为谷雨时气温仍较低，气候较为湿冷，所以需要注意保暖。

六、有关节气的诗词谚语

1. 诗词

白牡丹

唐·王贞白

谷雨洗纤素，裁为白牡丹。

异香开玉合，轻粉泥银盘。

晓贮露华湿，宵倾月魄寒。

家人淡妆罢，无语倚朱栏。

| 赏析 | 诗句赞美谷雨时节的白牡丹，异香飘散，形似粉泥银盘，娇羞鲜嫩素雅唯美。

2. 农谚

谷雨下秧，大致无妨。

| 赏析 | 此谚语用以指导农民农事。谷雨前后雨水充足，气候适宜，此时插秧最利于庄稼成活。最好不要过立夏，立夏后天气转热，闷热的天气不利于庄稼成活。

第二章

夏季繁盛 万物竞茂

第一节

立夏：一朝春夏改　南浔野火饭

一、节气起源

立夏是二十四节气中的第 7 个节气，一般是公历 5 月 5 日至 5 月 7 日中的某一天，是夏季的第 1 个节气。立夏节气，大约在公元前 239 年已经确立，预示着季节的转换。《气候集解》曾记载，"夏，假也，物至此时皆假大也"。此处的"假"，并不是与"真"相对，而是"大"的意思，是指春天播种的植物已经长大了，正所谓"斗指东南，维为立夏，万物至此皆长大，故名立

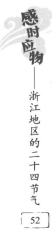

夏也"。

按气候学上的标准，日均气温稳定在22℃以上就算进入夏季，在"立夏"节气前后，我国只有福州到南岭一线以南的地区才真正进入夏季，而在我国东北和西北部分地区此时才刚刚进入春季。总体而言，此时，白天日照时间明显加长，气温明显升高，在南方可以感受到初夏的味道和风景。进入立夏，会出现"南涝北旱"的现象。南方阴雨天气频率增高，降雨量显著增加，所以出行前一定要记得看天气预报，带上雨伞。而恰恰相反，华北、西北气温急速回升，但是降雨量较少。

进入立夏，动植物也进入了生产繁殖的旺盛期。夏收作物进入生长后期，冬小麦抽穗扬花，油菜接近成熟，早稻开始插秧。《逸周书》云："立夏之日，蝼蝈鸣。又五日，蚯蚓出。又五日，王瓜生。"这就是说，在此节气最先可以听到青蛙的鸣叫，五天后，可以看到蚯蚓忙着帮农民翻松泥土，然后黄瓜的藤蔓开始快速攀爬生长。而这十五天的变化，也正好描述了孟夏之初的物候景象。

二、民间活动

1.喜烧野火饭

立夏以后，江南天气开始闷热，人们在夏天很容易疰夏[①]。在中医学中，把夏令季节人们食欲不振、身体乏力倦怠称为疰夏，因而防疰夏成了立夏民俗的重要内容。

"日照香炉生紫烟，立夏田间野火饭。"在南浔农村地区，立夏日要烧野

---

① 疰夏，季节性疾病，一般发生在春末夏初，主要症状是身体阴虚、元气不足，继而发生头疼脚软，厌食体乏。

火饭。人们认为，吃了野火饭，夏天就不会疰夏，能保佑身体健康。五月的南浔乡间，蚕豆、豌豆越长越鼓，竹园里的笋一天天蹿高，地里的大蒜也茎粗叶绿。天气干燥，田间或小路上遍地都是农民从桑树上剪下晒干的桑条枯枝，野火饭所需的材料可以就地取材。立夏这一天，最开心的莫过于孩童，他们三五成群，向村里各家讨来百家糯米、咸肉，或任意采摘别人家地里的蚕豆、豌豆，或去竹园挖笋。女孩采野菜，男孩捕小鱼小虾，然后拾来野柴，到野地里垒灶、支锅、烧野火饭。野火饭的特色就是杂，满满一锅，应有尽有。

按照民间传承下来的规矩，烧野火饭要到看不到自家烟囱的别家的空地上烧才能算"野"。野火饭是大自然的恩赐，是人与自然和谐相处的产物。吃完野火饭，要将火星熄灭，把坑填好，不能留下隐患。

2. 评量燕瘦与环肥

在南浔，吃完立夏饭后，大人们会拿来箩筐、大杆秤，给孩子们称体重。人们认为，在立夏日称重之后，人会变得壮实，体重会增加，一整个夏天都不会因疰夏而消瘦。

旧时没有现在的台秤和电子秤，所以人们往往是在横梁上挂一杆秤，将儿童系在秤下的箩筐里或者四脚朝天的凳子上，吊在秤钩上称体重。清代蔡云在《吴歈》一诗中写道："为挂量才上官秤，评量燕瘦与环肥。"

此风俗传说起源于三国时代。传说刘备死后，诸葛亮把刘备的儿子阿斗交赵子龙送往江东，拜托其后妈、已回娘家的吴国孙（尚香）夫人抚养。那天正好是立夏，孙夫人当着赵子龙的面给阿斗称了体重，来年立夏再称一次看体重增加多少，再写信给诸葛亮汇报，由此形成"称人"的风俗。立夏当天称过体重的人，能够不怕接下来的炎夏，也不会出现消瘦的现象；如果不称，就会面临灾祸和疾病。所以，称的时候有讲究，秤锤只能从里往外捋（表示增加），不可以从外往里捋（表示减少）。若体重增加，称"发福"，体重减，谓"消肉"。此外，在报数时尽量避免报"九"，若逢九就报"十"，以免久久没有长体重，用意则在于祈福夏天安康，能够健康度过炎热的夏日。

3. 吃"立夏蛋"

在浙江民间，有"立夏吃补食"的习俗。立夏日要吃蛋，"立夏吃了蛋，热天不疰夏"。进入立夏之后，天气逐渐炎热起来，人体消耗能量比较多，很多人会从立夏开始进补。人们认为立夏日当天吃煮鸡蛋能增强体质，于是往往会用红茶或者胡桃壳煮鸡蛋，称为"立夏蛋"，并且会在邻里亲朋好友之间互相赠送，共同迎接夏天的到来。长辈们还会用五色彩线编织一个个蛋套，装上鸡蛋挂在孩子们的胸前。俗话说："立夏胸挂蛋，孩子不疰夏。"小孩子在立夏那一天，拿了蛋去和别的小孩子玩"碰蛋"的游戏，比谁的蛋最硬，谁的蛋壳先破算谁输。

4. 尝新

立夏时万物繁茂，农作物的收成光景基本定型，鲜果瓜蔬逐渐上市。在立夏日尝三样时鲜菜蔬，称作"尝新"，即尝樱桃、青梅、蚕豆。樱桃又名含桃，味甘美，能调中益脾，美人面颜。青梅味酸而脆，可与蜜糖相拌食用之，也可以把此时的青梅酿酒，在一两个月之后饮用，能消除夏季暑意，调理肠胃。立夏前后，在江南农家的房前屋后、田边沟畔，蚕豆成熟了，将剥好的豆粒洗净，在油中翻炒几下，就能享受新鲜爽嫩的田间好味。

三、传统饮食

1. 立夏饮品

一是蜂蜜水。以早晨饮用蜂蜜水为宜，并用不高于60℃的水冲泡，以免破坏蜂蜜的营养成分。二是玫瑰茶。可在冲泡玫瑰茶时加入少许冰糖，起到滋阴保养、舒缓血气的作用。三是双耳红枣羹。将黑木耳、银耳提前泡发、洗净，撕成小朵，红枣去核洗净，在放了水的锅中加入黑木耳、银耳、红枣慢火煨炖至汤水黏稠、木耳变软糯，此羹具有养血驻颜、防治骨质疏松的功效。

在浙江地区，立夏这天会喝"七家茶"。"七家茶"就是周边的邻居把自家茶叶混合在一起泡成一大壶茶，大家聚集在一起饮用。这个习俗与浙江人喜欢喝茶的爱好分不开。

2. 立夏饮食

进入夏天，降雨量开始接近全年的最高峰，空气湿度增大，饮食原则是"春夏养阳"。养阳的关键是养心，可吃点"苦味"，例如苦瓜、苦菜、荷叶、蒲公英，多喝牛奶，多吃豆制品、鸡肉和瘦肉等，平时多吃蔬菜、水果及粗粮。同时，要注重精神的调养，特别是老年人，要有意识地进行精神调养，保持神清气爽和心情愉悦，切忌大喜大悲，以免影响身心。

立夏，儿童、老人宜多吃泥鳅。儿童多吃泥鳅，可以促进骨骼的生长发育；老年人多吃泥鳅，可以抵抗高血压等心血管疾病，并可延缓血管的衰老。挑选泥鳅时，应挑选体形较为粗壮，体表光滑，对外部刺激反应比较快的上等泥鳅，之后最好在清水中饲养2—3天，或者在盐水中泡几个小时，让其排出体内的泥土。此外，在下锅之前，用酒浸泡泥鳅，可以增添其鲜味，口感更好。一般可食用泥鳅豆腐汤。老底子的制作方法是将泥鳅处理干净后焯一下水，将豆腐洗净，切块，油烧热，下入泥鳅，用小火煎炸，放入葱末、姜末、蒜片爆香，加入豆腐块、酱油、干红辣椒、盐、料酒、醋、清水，大火烧沸，小火炖半小时，加入味精调味后即可食用。

立夏这天，金华人要吃红枣鸡蛋。先把红枣洗净入锅煮至七八分熟，然后打入两个鸡蛋，根据个人口味，加入红糖，再煮至鸡蛋成荷包蛋状，一碗香喷喷的红枣鸡蛋就制成了。

四、立夏农事

立夏时节，水热充足，万物生长，病虫滋生。俗话说："立夏麦苗节节高，平田整地栽稻苗，中耕除草把墒保，温棚防风要管好。"此时，在长江流域地区，农民开始插种稻秧，定植瓜菜。在江淮地区，晚稻开始播种，"立夏浸种"，农民开始收割油菜、豆类。

5月以后，是小麦病虫害集中盛发和干热风常发的阶段。因此，要做好冬春小麦生长中后期管理。应采取"一喷三防"技术保护根系，延长叶片功能，促进灌浆，稳定穗粒数，提高千粒重。立夏之后，春玉米在4月底未播种的，可在5月初至5月20日左右完成播种。同时做好春玉米与春大豆的播种及前中期管理。出现5片可见叶时定苗，留苗；拔节期前后，适量追肥，防止烧苗。5月中旬后，对水稻进行插秧与分蘖期管理。插秧前在秧床喷洒农药，防治水稻潜叶蝇，然后耙地，施肥，进行土壤封闭，防止虫害。

立夏农事忙。浙江省余姚市黄家埠镇上塘村的农户在田间摆放秧盘。温岭市城南镇的农田里，农户在抢插早稻秧苗。浙西一带，立夏时节，也正是"开春第一果"枇杷黄熟、早稻插秧之时，所以江山向来就有"枇杷黄，莳田忙""多插立夏秧，谷子收满仓"之说。而在莳田前，都要经过犁田、耙田、耖田三道工序，这三道工序在农事层面总称为"耕"。

五、拓展知识

1. 江浙地区立夏吃乌米饭的习俗

在浙江民间流传着这样一首民谣："青梅夏饼与樱桃，腊肉江鱼乌米糕。苋菜海蛳咸鸭蛋，烧鹅蚕豆酒酿糟。"杭州地区流传着立夏吃乌米饭的习俗。

乌米饭，从外观上看是一种紫黑色的糯米饭，是把野生植物乌桕树的叶子煮汤，然后把糯米放在此汤里面浸泡半天，捞出来后放入木甑（古代蒸饭的一种瓦器）里蒸熟而成。唐代诗人杜甫曾在诗句中提到过"岂无青精饭，使我颜色好"。而吃乌米饭的习俗，一说源自战国时期著名军事家孙膑与他的师弟庞涓。

相传鬼谷子——堪称纵横家鼻祖的"王禅老祖"，有一大群优秀的弟子，其中最为有名的莫过于苏秦、张仪、孙膑和庞涓四人。苏秦和张仪所学的是游说之法，孙膑和庞涓所学的是兵法。单论能力，孙膑和庞涓实力相当，只是在为人上有很大区别，孙膑为人光明磊落，庞涓一副小人心肠。多年的兵法学习之后，两人都有了一定的成就。庞涓自认为兵法已成，就下山去了魏国。而孙膑继续跟着鬼谷子学习，并因天赋俱佳而得到了鬼谷子传授的《孙武子十三篇》（后人称为《孙子兵法》）。这使得孙膑的用兵之术超过了庞涓。

庞涓虽然在魏国连立功勋，成了大将，但是心里一直有个大石头，那就是孙膑。唯恐别人超过自己的心理，让庞涓不仅没有举荐孙膑，还想方设法想除掉孙膑。不料魏王知道了孙膑的名声，让庞涓请孙膑出山。无奈之下，庞涓依从了魏王的命令。但是一心想除掉孙膑的庞涓，在魏王面前诋毁孙膑，最后孙膑被判了膑刑（挖去膝盖）和黥刑（以墨在脸上刻字），并被投入大牢。不明就里的孙膑成了残废，求告无门，而庞涓又假意好生照顾孙膑，让孙膑十分感激。

为报答庞涓，孙膑打算将自己所学的《孙子兵法》传授给他。一日，正当孙膑在抄写兵法的时候，一旁看守他的老狱卒告诉了他真相。孙膑听闻自己的遭遇，并深知庞涓不会轻易放过自己，于是故意装疯卖傻，烧了自己写好的兵书，继而时哭时笑，不加饮食。庞涓知道此事之后，将孙膑关入猪圈，看孙膑是不是真疯了。为了表现自己真疯了，孙膑整天不吃不喝，一天天消瘦下去。同情孙膑的老狱卒忧心忡忡，与其老伴商量，用乌桕树的叶子煮糯米，捏成一个个呈乌褐色的极像猪粪的饭团子，偷偷送给孙膑吃。这天正好

是立夏，孙膑等庞涓到来时在他面前大嚼"猪粪"，让庞涓以为自己彻底疯了，让他放下了戒心。

然而，孙膑吃了这种饭团，不但活了下来，而且身体更加强壮了，并在齐国田忌和老狱卒的帮助下逃出了监狱，在齐国被拜为军师，并设计在马陵道大败魏国，射杀了庞涓。孙膑对老狱卒深怀感激，每到立夏，就要吃一顿乌米饭团。老百姓也会在立夏做乌米饭吃，以表对孙膑气节与才华的钦佩。

除了吃乌米饭外，吃立夏蛋也是一个重要的风俗，又叫"补夏"，即在夏日进补。旧时，民间最好的"补夏"食物是鸭蛋，而且是咸鸭蛋，因为咸鸭蛋里面含有丰富的铁、钙等无机盐。

2. 民间禁忌

立夏日忌吃散碎状的食品，要吃用米、面粉煮的糊，叫"立夏糊"。民间谚语云："吃了立夏糊，田塍糊得牢。"这个习俗在江浙一带比较流行，民间普遍认为不吃立夏糊，下田无力气。

六、有关的诗词谚语

1. 诗词

小池

宋·杨万里

泉眼无声惜细流，树阴照水爱晴柔。

小荷才露尖尖角，早有蜻蜓立上头。

赏析 此诗是一首清新的小品，通过描写一个泉眼、一道细流、一池树荫、几片小小的荷叶、一只小小的蜻蜓，勾勒出一幅立夏时节优美的小池风光，从中表现了大自然万物之间亲密和谐的关系。

泉眼无声像淌着细流，映在水上的树荫喜欢这晴天里柔和的风光。鲜嫩荷叶那尖尖的角刚露出水面，早早就已经有蜻蜓落在它的上头。诗人通过清新活泼的笔调，平易通俗的语言，勾勒出情趣盎然的画面，充满了浓郁的生活气息，使人有身临其境之感，抒发了作者对生活的无限热爱。

2. 农谚

立夏看夏。

| 赏析 | 立夏看夏，意味着通过看立夏天气，能够看到夏季收成的好坏。因为立夏的晴雨、温度高低和是否有雷雨都会对以后的天气和农作物收成有一个预示作用，类似的农谚还有"立夏落雨，谷米如雨""立夏雷，六月旱""立夏不热，五谷不结""立夏东风到，麦子水里涝""立夏滴一点，穷人抱大碗""立夏不下，桑老麦罢""立夏东南风，农人乐融融""立夏无雨三伏热，重阳无雨一冬晴"。

立夏无雷声，粮食少几斤。

| 赏析 | 冬小麦在立夏开始灌浆，小麦灌浆时不仅要求有较高的气温，而且需要相对湿度在 75% 以上的土壤。在这个时段，如果雨水过少，天气干旱，气温过高，则容易出现"干热风"灾害，小麦会出现青干、扎芒、秕粒，导致严重减产；如果阴雨过多，气温低于 12℃，则不利于灌浆，小麦容易青干，也会导致减产。如果此时小雷阵雨比较多，且气温保持在 20℃ 以上，但又不会过高，空气相对湿度以及土壤相对湿度适中，则有利于小麦的灌浆乳熟。所以，此时如果遇到天气干旱的情况，有灌溉条件的地区，应及时浇灌"灌浆水"，从而保障冬小麦正常生长发育。

第二节

小满：麦穗初齐稚子娇
海宁小满"动三车"

一、节气起源

　　小满是二十四节气中的第 8 个节气，一般是公历 5 月 20 日至 5 月 22 日中的某一天，是夏季的第 2 个节气。此时，麦类等夏熟作物籽粒开始饱满，但还未成熟，"小满者，物致于此小得盈满"。在二十四节气中，有与小暑对应的大暑，与小雪对应的大雪，与小寒对应的大寒，唯独没有与小满对应的

"大满"。满则溢，能量太满了就容易溢出来。毕竟过犹不及，所以小满正好，是一种谦逊，也是一种适度的美。

小满，在我国南方和北方有着不同的象征，其有两重含义。对于我国北方地区而言，小满时节麦类等夏熟作物籽粒已开始饱满，但还没有成熟，故称"小得盈满"，往往预示着农业上"三夏大忙"（夏收、夏种、夏管）即将到来，即春播作物正在成长高峰期、夏收作物逐渐结果结实而趋于成熟、秋收作物的夏种工作马上就要开始。而对于南方地区而言，小满意味着降水的盈亏，不再仅仅指收获，正所谓"小满不满，干断田坎""小满不满，芒种不管"，如果小满时田里蓄不满水，就可能造成田坎干裂，甚至芒种时也无法栽插水稻。由此可见，小满对于农业耕作来说是个很重要的节气。

到了小满，气温开始攀升，雨量增多，南北温差变小，但是昼夜温差大，早晚都较凉，且容易伴有大风、冰雹、雷雨或暴雨等天气。此外，在5月底，江浙地区如果受较强冷空气的影响，可能出现连续3日以上、日均温在20℃以下、日最低温度在17℃以下的低温阴雨天气，这种天气俗称"五月寒"或者"小满寒"。因此，在此期间，要关注天气预报，及时增加衣物，出门带伞。

在小满节气，主要有三种代表性的物候，第一候是苦菜秀（"秀"即枝叶繁茂，开花）。苦菜属多年生菊科，春夏开花，味苦，嫩时可食。《埤雅》以荼为苦菜。而全国各地各有各的说法，宁夏人叫它"苦苦菜"，陕西人叫它"苦麻菜"，李时珍称它为"天香草"。由于小满时节枝叶繁茂的植物比较多，旧时人们有可能是将苦菜当作一种统称。第二候靡草死。靡草死，指的是那些喜阴的枝条细软的草类，在强烈的阳光下开始枯死。东汉郑玄将其解释为茅、葶苈之类枝叶细的草，生在阴凉潮湿、背光的地方，不能接触强烈的阳光，一旦接触强烈的阳气就开始枯死。第三候麦秋至。小满，本意是麦子变得饱满，而到了小满节气的后期，小麦开始成熟了，即"麦秋至"，正如《气候集解》云："麦秋至，秋者，百谷成熟之时，此于时虽夏，于麦则秋，故云

'麦秋'也。"

二、民间活动

1. 海宁抢水

古谚云："小满动三车。"三车具体指水车、油车和丝车，而水车、油车和丝车可不能随随便便就启动，必须要在小满之后才能启动。而小满，正是早稻追肥、中稻插秧的时节，如果没有蓄满水，田坎会干裂，无法插秧，直接影响农作物下个季节的收成。因此，人们会提前考虑，巧妙安排，以人力或者畜力带动水车来灌溉农田。

在浙江海宁一带曾流行过"抢水"这一农事风俗。在举行这种仪式时，一般由村里年长执事者召集各农户，确定好时间，做好准备，直至是日黎明群行出动，燃起火把，在水车基上吃麦糕、麦饼、麦团，等执事者敲起锣鼓，群人以击器相和，踏上小河边事先准备好的水车，数十辆一齐踏动，把河水引灌入农田，至河水干才停止。因而，过去在小满节气，走在农村的水田边，时常可以看到水牛被蒙着双眼转动水车上的木车盘提水，或者可以看到人们用双脚交替踩踏水车提水的情景。

三、传统饮食

1. 小满饮食

在初夏的季节里，浙江人钟爱的味道是"酸酸甜甜"，而此时塘栖枇杷的上市刚好满足了浙江人的口味需求。据记载，塘栖种植枇杷有1400多年的历史。明代，李时珍在《本草纲目》中记载："塘栖枇杷胜于他乡，白为上，黄次之。"塘栖种植的枇杷皮薄好剥，果汁满满，清冽甘甜，甜而不腻。此外，丽水莲都太平、庆元黄田、湖州德清雷甸等地的枇杷也相继成熟。同时，此时也是梅子成熟的季节，各地开始做蜜饯，其中塘栖的糖色久负盛名。杭州临平区自然资源条件独特，水多田少，果树种植历史悠久。明代塘栖人吕需将外地加工蜜饯的手艺带回家乡，逐渐形成塘栖特色的手工蜜饯——糖色，主要有橘饼、佛手、金橘、青梅等。塘栖蜜饯制作技艺还被列入杭州市非物质文化遗产名录，其中"糖水青梅"作为糖色产品中的代表，被誉为"糖色之王"。每年生产"糖水青梅"的时间只有十多天。人们选用最好的超山青梅，只使用白糖一种腌制辅料，纯手工制作，不添加任何防腐剂、着色剂，保留了青梅饱满的形状和色泽。食之，甜中蕴酸，回味隽永。

在浙南的温州，此时开始割麦穗、吃麦饼。据朱烈《温州地理论丛》的记载，一般来说，温州五月中旬开始收割小麦，而此时，蜀葵已经开花。所谓的蜀葵，俗名丈红。在温州，有俗语"丈红开到顶，家家吃麦饼"之说。

2. 小满食疗

现代人生活节奏加快，消费水平不断提高，出现了各种"富贵病"。在"城市疾病"调查中，糖尿病是目前为止较为普遍的一种疾病。它是一种与身体内分泌代谢相关的疾病，病因和发病机理尚未明确，但大多是体内胰岛素分泌不足，靶细胞对胰岛素反应不敏感引起的。常见的症状有口干舌燥、尿多、暴饮暴食等。到了夏季，病情往往会加重，并可能诱发并发症。对于病症相对较轻者，只需要通过食疗就能有效遏制病情，而对于较为严重者，则需要吃药辅以食疗。小满时吃苦瓜拌芹菜能在一定程度上起到控制血糖、凉肝降压的功效。

浙江嘉兴，小满时有"尝三鲜"的习俗。"三鲜"是新蒜、黄瓜和芦笋，其中最常见的是新蒜拌黄瓜，即把黄瓜拍碎，大蒜拍碎，放各种调料，搅拌均匀。而芦笋常见的做法是清炒，先焯水断生，热锅放油，倒芦笋，快速翻炒一分钟即可。小满节气过后，雨水增多，天也热起来了，饮食上以清淡为主，适合吃一些清热解毒的食物，包括黄瓜、茼蒿、芦笋等。

四、小满农事

小满时节，大麦、冬小麦等夏收作物已经结果，籽粒饱满，但尚未成熟，田间管理主要是做好夏收的准备，做好防旱防风措施，正所谓"小满温和春意浓，防治蚜虫麦秆蝇，稻田追肥促分蘖，抓绒剪毛防冷风"。

在我国南方，如果此时北方冷空气可以深入较南的地区，南方暖湿气流也强盛的话，容易在华南一带造成暴雨或特大暴雨，小满前后也是这些地区防汛的紧张阶段；长江中下游地区，如果太平洋上的副热带高压势力比较弱，位置偏南，则意味着黄梅时节降水可能偏少。农事主要是收获油菜，水稻田追肥、促分蘖等。

小满时节，浙江杭州临安太阳镇迎来了农忙时节，太阳米基地里，农户忙着平整水田、搬运秧苗、下田插秧。太阳米基地核心区域共有 536.2 亩，基地采用"稻蛙共生""稻鳖共养"等生态种养模式，稻米品质大幅提升，实现了生态效益和经济效益的双丰收。

五、拓展知识

1. 小满养生

小满时节，气温明显上升的同时，雨水也逐渐增多，但早晚仍比较凉，日夜温差较大，因此，早晚要适当添衣。小满过后，着装宜宽松舒适，通风透凉，利于散热，但同时需要注意的是，在夏季穿得越暴露，不一定越凉快，当外界气温低于皮肤温度时，暴露才会有凉快感。

在小满节气的养生中，要注意"未病先防"，饮食上要以健脾化湿为主，以清爽清淡的素食为主，忌食甘肥滋腻、生湿助湿的食物。此外，在闷热的夏季里，人们容易感觉烦躁不安。养生要做到"戒怒戒躁"，切忌大喜大怒，应该保持精神安静，情志开怀，心情舒畅，建议多饮白开水，多食含水及钾高的新鲜蔬菜和水果，多食用消热利湿的食物，如绿豆粥、荷叶粥、赤豆粥，以便把体内湿热之邪排出体外。

在浙江绍兴，小满养生需"吃四样"。吃绿豆有利于消暑止渴、清热解毒，吃樱桃有利于预防麻疹、收涩止痛，吃丝瓜有利于清热、凉血、化痰，吃桑葚有利于补血滋阴、生津止渴。

运动可以增强免疫力，但是在此节气切忌出大汗。根据中医"春夏养阳"的原则，此时的运动不宜过于剧烈，因为过于剧烈可致大汗淋漓，容易感冒。可以适当选择散步、慢跑、打太极拳等运动，锻炼时间不宜太长，以每次30—40分钟为宜，运动强度不可过大，以汗出为度。在运动过程中，适当增加间歇次数，每次10—15分钟，间隙可饮用淡盐水、绿豆汤、金银花水等。运动之后，在冲凉时也需要注意，因为每个人的体质不一样，尤其是一些本身患有疾病的人，例如高血压、关节炎患者等，不适宜用或者禁用冷水洗浴。

2. 民间禁忌

在浙江地区有"小满不满，干断田坎""小满不满，芒种不管"的农谚。"满"指雨水的盈缺，在小满时稻田里若蓄不满水，就可能造成田坎干裂，甚至芒种时也无法栽插水稻。同时，小满节气雨水偏少，意味着芒种节气雨水也将偏少。

六、有关的诗词谚语

1. 诗词

归田四时乐春夏二首（其二）

宋·欧阳修

南风原头吹百草，草木丛深茅舍小。

麦穗初齐稚子娇，桑叶正肥蚕食饱。

老翁但喜岁年熟，饷妇安知时节好。

野棠梨密啼晚莺，海石榴红啭山鸟。

田家此乐知者谁，我独知之归不早。

乞身当及强健时，顾我蹉跎已衰老。

赏析 此诗形象地描写了小满时节农家生活的情景，"麦穗初齐稚子娇"说明了此时具有代表性的农作物——麦类等夏熟作物籽粒已开始饱满，但还没有成熟，所以本小节标题引用此名言，以期更好地指明小满时节的作物，使读者对小满季节性代表作物印象更深，形成条件反射，一提到"小满"时节，即立刻想到"小麦等夏熟作物籽粒开始饱满但尚未成熟"。

南风吹拂着百草，嫩绿的麦穗也已抽齐，蚕吃着肥嫩的桑叶，梨挂满树枝，晚莺、山鸟啼叫，描绘出一幅惬意淳朴的农家生活画，可从字里行间读出诗人对农家生活的羡慕之情。

这首诗不仅表达了诗人对田园生活的向往，诗人还感叹自己归隐得太晚了，如果在身体强壮的时候隐退会更好，只可惜自己已经衰老了，正所谓"乞身当及强健时，顾我蹉跎已衰老"。

2. 农谚

麦前就把玉米套，麦后遇雨抗芽涝。

| 赏析 | 小满时节，是人们忙得不可开交的季节，即将经历农业上的"三夏大忙"（夏收、夏种、夏管）。在"看天吃饭"的古代，农民根据农耕经验总结了许多谚语和俗话，而针对小满常有的暴雨、虫害等，就形成了"麦前就把玉米套，麦后遇雨抗芽涝"的谚语。类似的还有"治蚜晚，棉叶卷，即使治下也减产""大麦不过小满，小麦不过芒种""过了小满十日种，十日不种一场空""小满防虫患，农药备齐全""小满前后，种瓜种豆"等。

小满不满，麦有一险。

| 赏析 | 田里的水量不够，再加上"干热风"侵袭，势必会影响小麦的灌浆乳熟，导致小麦出现籽实瘦秕的现象。所以，小满期间要注意浇好"麦黄水"（小麦快要黄熟时所浇的水），以增强小麦的长势。抵御风灾的侵袭，否则小麦就会有减产的风险。而这个时节也适合养蜂，有"四月五月花源广，放蜂酿蜜好时光""晴暖无风天，寻找粉蜜源"等俗语。

第三节

芒种：云和芒种开犁忙
雨打黄梅麦上场

一、节气起源

芒种是二十四节气中的第9个节气，一般是公历6月5日至6月7日中的某一天，是夏季的第3个节气。古书《汉书·律历志》云："鹑首，初井十六度，芒种。"

《气候集解》云："五月节，谓有芒之种，谷可稼种矣。"也就是说，到了

"五月节"，大小麦等有芒作物种子已经成熟，夏收急迫，同时晚谷、黍、稷等夏播作物也正是播种的好时节，所以又称"芒种"。可以说，这是"三夏大忙"（夏收、夏种、夏管）最忙的时候，农民在田间地头忙于夏收，忙于夏种，忙于春播作物的夏管，故有"庄稼宜早不宜迟，春争天日夏争时"的说法。

芒，在字典里面的解释是谷类植物种子壳上或草木上的针状物，也就是大麦、小麦这些作物壳上的细刺，或称"芒刺"。种，可发第四声或者第三声的音。发第四声的"种"意思是说种子或幼苗等埋在泥土里面使其生长，是一种行为，例如种地。发第三声的"种"则表明生命成熟，具备了繁衍后代的能力，往往以种子的形式出现，是一种形态。根据"五月节，谓有芒之种谷可稼种矣"的记载，以及到这个季节，有芒的麦子快收，有芒的稻子可种，读第四声更为贴切，忙着耕种，忙种作物。

在天气方面，立夏节气时，全国大部分地区平均气温在18℃—20℃上下，只是有些地方进入了夏季。到了小满，全国逐渐从春季进入夏季。而到了芒种，几乎全国各地都能体会到炎炎夏日的火热，全国都有可能出现35℃的高温天气，即使在黑龙江北部的漠河地区，也开始进入一年中温度最高的时候。在降水方面，芒种时节雨量充沛。在江浙一带，完全可以用"湿热"二字来形容这个节气。同时，受到东亚大气环流的影响，在我国长江中下游部分地区及日本、韩国部分地区，会形成具有芒种节气特色的天气，因正值梅子成熟的时节，故得名"梅雨"。而"梅雨"天气，降雨十分充沛，连绵不断，降雨量约占当地全年雨量的20%—30%，使得空气中湿度增大，水汽吸附在衣物、书籍、家具上得不到干燥，时间一长，自然滋生了霉菌，所以东西很容易在"梅雨"季节发霉。此外，有些年份的梅雨季节降水很少，或者没有连续性降水，从气象学上称为"空梅"，即诗中所言的"梅子黄时日日晴"。

在芒种这个节气，三种物候会有新的动态和变化。芒种三候为：一候螳

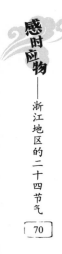
螂生，二候鹏始鸣，三候反舌无声。

二、民间活动

1. 云和开犁节

芒种时节，对于大多数地区来说，虽已是炎炎夏日，但也是农忙的开始，浙江省云和县梅源一带也不例外。由于梅源一带是高山地区，为方便农耕与灌溉，勤劳的云和人民把高山地改成农耕的梯田。据记载，云和梯田开发于唐初，兴盛于元、明，距今有 1000 多年历史，总面积 51 平方千米，海拔跨度为 200—1400 米，垂直高度 1200 多米，是华东最大的梯田群，有"千年历史、千米落差、千层梯田"的称号。

在云和梅源高山地区，由于高山气温低，每年芒种时节都会举行一个具有特色的仪式，即开犁，预示农耕农忙季节的开始。开犁节，是云和梯田每年芒种时期开启传统夏种农耕的民俗活动，距今已有 800 多年历史。

有史料记载，早年云和衙门的官员每年春耕开始之际，都要到城郊的"先农坛"，由县官带头亲自下田耕地，以展示官府对农业生产的重视。官府人员带着农民一起农耕，展现出一幅祥和的画面。

所谓的开犁，是先用犁导出沟，再顺此沟犁地，也指年初首次犁地。在云和举行开犁节是有一整套完整固定的活动程序的，其中包括鸣腊荸、吼开山号子、芒种犒牛、鸣礼炮、开犁、山歌对唱等环节，含有感恩和吉庆等寓意。

近年来，云和县已将开犁节开发成为一个旅游项目，并且与浙江省生态运动会梯田站结合，以体验式的方式，吸引更多的人感受传统农耕的技艺、民间的艺术和民风习俗，共同体验"天人合一"的传统文化核心思想。开犁节由当地畲汉两族共同传承，以节日活动为传播方式，对弘扬中华二十四节气文化，传播人与自然和谐共生理念，促进乡村振兴具有积极作用。2020年，云和梅源芒种开犁节入选国务院第五批国家级非物质文化遗产代表性项目名录。

2. 挂艾草

天气越来越热，蚊虫滋生，容易传染疾病，所以五月有"百毒之月"之称。古时门楣悬艾草，为的是驱赶蚊虫。又因为此节气正逢端午节（农历五月初五）前后（每隔两年就有一次端午节出现在芒种期间），浙江地区家家户户在门楣上悬挂菖蒲，借以避邪驱毒，故古时又称五月为"蒲月"。

三、传统饮食

1. 芒种饮食

芒种时节要注意清热祛湿。夏季湿热，影响人体健康，除了拔火罐除湿之外，还可以吃一些健脾、清热、祛湿的食物。西瓜能够补充暑天流汗之后流失的钾盐。有"天然矿泉水"美称的梨是最佳的补水护肤品。还可以食用荷叶、冬瓜、西红柿、木瓜等。

此外，芒种时节还有一种时令水果——桑葚，又名桑果，早在两千多年前就是御用补品。成熟的桑葚味甜汁多，性微寒，对夏季养心很有帮助。取鲜黑桑葚 30—50 克，用水煎服，可以辅助治疗风湿性关节疼痛。或取桑葚50 克，冰糖 20 克，用开水冲泡饮用，可以改善大便干燥。

浙江宁波人在芒种节气还会吃莙荙菜。莙荙菜是芒种节气前后上市的一种时令蔬菜，据说吃了莙荙菜后夏天不会生痱子。莙荙菜是一种对人的身体

健康有好处的蔬菜，具有清热解毒的功效，非常适合在芒种时吃。同时因为它也是一种可以保护肌肤的蔬菜，所以非常受当地一些女孩子的欢迎。此外，在温州一带还有购买"芒种虾皮"做汤的习俗，因为这个节气毛虾处于产卵期，体肥味鲜。

2. 芒种养生

芒种天气炎热，易出汗，衣服要勤洗勤换，要"汗出不见湿"，否则容易生痤疮。同时，由于天热，人体出汗较多，要注意及时补水，以防脱水和中暑。

芒种时节，泡一壶安吉白茶，清淡适宜，茶叶中含有丰富的氨基酸。茶汤鲜爽，味温性凉。同时，咖啡碱可刺激肾脏，促使尿液迅速排出体外，减少有害物质在肾脏中滞留的时间。它同时还可排除尿液中过量的乳酸，有助于人体尽快消除疲劳，是这个节气调养精神的良方。

此外，湿热天气，易伤肾气、困肠胃，使人感觉食欲不振，精神困倦；要预防"夏打盹"，尤其是学生、司机及高空作业人员，以免影响学习和工作。要注意午休，但也不要太长，时间以 30 分钟至 1 个小时为宜，以解除疲劳，利于健康。同时，注意保持精神的轻松与愉快。

3. 芒种食疗

（1）食用西瓜、冬瓜、绿豆，防治小儿"暑热症"。

一般 3 岁以下的婴幼儿比较容易发生"暑热症"，其属于发热性疾病。虽然芒种时节尚未达到夏天最热的时候，但是由于小儿身体发育不完善，神经系统发育不成熟，发汗机能不健全，体温调节功能较差，不能很好地保持正常的产热和散热平衡，以致排汗不畅，散热慢。小儿"暑热症"的主要症状为持续发热不退、口渴、多尿、闭汗、少汗等。倘若持续时间过长，极易诱发其他疾病，甚至影响婴幼儿的脑部发育和健康。针对小儿夏季发烧口渴、食欲不佳的症状，可以食用绿豆荷叶粥，该粥具有祛暑清热、和中养胃的功效。

（2）食用山楂片为小儿厌食症开胃。

进入芒种时节，天气一天比一天热，此时也是小儿厌食症的高发时节。如果 3—6 岁儿童在较长一段时间内出现食欲不振，很有可能是患上了小儿厌食症。此病多由不健康的饮食习惯、不合理的饮食规律、不良的进食环境或者心理因素所引起。

如果儿童患上了小儿厌食症，家长需要三餐定时定量，用较为良好的就餐环境和色香味俱全的食物来引起孩子对食物的兴趣，可在餐前让他们吃点山楂片开胃。

（3）食用木耳有凉血、增加食欲之效。

芒种前后湿热开始明显，人们容易感到困倦与疲乏，所以，在此时节要注意补充水分，天气变炎热后，饮食也应以清淡、祛湿、养心为主。适当摄入凉性蔬菜水果有利于生津止渴、除烦解暑、排毒通便。但要注意节制，尝鲜即可，不可多吃，以免伤胃助湿。

浙江安吉在此节气常吃一道菜——捞汁木耳。先用淘米水将木耳泡发，清洗干净杂质，然后上锅用开水焯熟，捞出后过凉水备用。其次，姜切片，芹菜切段，海米提前浸泡备用。再次，把香菜、姜片、芹菜段、冰糖一起入锅炖煮 10 分钟，倒出汤汁后加入海米、生抽、醋、老抽、鱼露搅拌均匀，晾凉后备用。最后，小米辣切末，蒜拍松切末，舀出捞汁装碗，依次放入小米辣、蒜末、木耳搅拌均匀即可。木耳有"血管清道夫"之称，夏天多吃点黑木耳，有凉血、增加食欲之效。便秘的人，每天吃 5—10 克的黑木耳，还能有效促进胃肠蠕动。

四、芒种农事

芒种时节适合播种有芒的谷类作物，如晚谷、黍、稷等，倘若过时再种，这些有芒的作物就不太容易成熟了。俗话说"芒种雨少气温高，玉米间苗和定苗，糜谷荞麦抢墒种，稻田中耕勤除草"。芒种，是一年中最忙的季节，样样都"忙"，俗语云"芒种前后麦上场"。长江流域"栽秧割麦两头忙"，华北地区"收麦种豆不让晌"，真是"芒种"。"收麦如救火，龙口把粮夺"的农谚形象地说明了麦收季节的紧张气氛。"春争日，夏争时"，一般而言，夏播作物播种期以麦收后越早越好，以保证到秋前有足够的生长期。

芒种时节，棉花等农作物生长旺盛，需水量多，适中的梅雨对农业生产十分有利；但若梅雨过早，雨日过多，长期阴雨寡照，对农业生产也有不良影响。

五、拓展知识

1. 遂昌端午节

端午节是中国人为了纪念爱国诗人屈原而设的传统节日，为每年农历五月初五，每隔两年就有一次出现在芒种期间。屈原是春秋战国时期楚国人，他忠君爱国，却遭到奸臣陷害排挤，导致楚怀王不信任他，仕途不顺。公元前305年，由于反对楚怀王与秦国结盟，屈原被逐出楚国，流放到汉北（现湖北某地），开始了第一次流放生涯。后来，屈原回到了都城，但楚怀王在小儿子子兰的怂恿下，被骗赴约秦王，结果一到秦国就被关了两年，最终病死在牢里。之后，新楚王楚襄王即位，子兰暗中谣言中伤，屈原被第二次逐出都城，流放到现在的湖南、湖北一带。在此流放期间，大约公元前278年，秦军名将白起带兵攻陷了楚国都城，屈原的政治理想彻底破灭，便以死明志，投入汨罗江，这一天就是农历五月初五。由于古人称"初始"为端，所以这天也叫端午。

老百姓为了表达对屈原的敬意，将每年的农历五月初五定为端午节，流传下来的风俗有赛龙舟、吃粽子、喝雄黄酒、吃绿豆糕、煮梅子、悬挂菖蒲和艾叶等。2006 年 5 月 20 日，端午节被列入第一批国家级非物质文化遗产名录；2009 年 9 月入选世界非物质文化遗产名录。

浙江遂昌，自古就有"送端午"的习俗。端午佳节之际，女婿要送给岳父岳母一份礼物——粽子。粽子包得越长，表达的情意也就越深重。遂昌龙粽或者长粽，从几十厘米到一两米不等，最长的粽子达到两米多。此外，在遂昌还有一种非常独特的赛龙舟民俗，叫"端午龙排"，其独特之处在于龙排从山上漂流而下，龙排上还有人舞"车龙"，随着竹排、木排顺水而下，村民们也把一年的美好心愿寄托在一艘艘龙排之上。

2. 民间禁忌

在芒种节气期间最重要的节日——端午节，各地会有不同的节日禁忌。端午节是一个比较严肃的日子，跟祭祀缅怀有一定的关系，被视为屈原投江的受难日。不同于儿童节、国庆节那样欢快，用"端午快乐"属于用词不当，为了表示尊敬，正确的说法应该是"端午安康"。

六、有关的诗词谚语

1. 诗词

芒种后积雨骤冷

宋·范成大

梅霖倾泻九河翻，百渎交流海面宽。

良苦吴农田下湿，年年披絮插秧寒。

赏析 | 这首诗描写的是芒种时节，农夫身披棉絮插秧忙的画面，其中"梅霖"指的就是梅雨。通过诗人对梅雨季节雨水连绵不止的描写及"良苦""年年"等词的使用，读者可以体会到诗人对贫困劳动人民深切的同情。

2. 农谚

芒种忙，麦上场。

赏析 | 这是一年中的第一次大丰收，与此相关的谚语自然与丰收相关，除此之外还有"芒种芒种，连收带种""麦收九十九，不收一百一""芒种无雨，山头无望""芒种好节气，棒棒坠落地，落地就生根，生根就成器""芒种栽秧日管日，夏至栽秧时管时""四月芒种如赶仗，误了芒种要上当""四月芒种雨，五月无干土，六月火烧埔""芒种雨汛高峰期，护堤排涝要注意"。

芒种夏至天，走路要人牵；牵的要人拉，拉的要人推。

赏析 | 这一谚语流行于江西一带，意思是说，现在芒种时节，随着气温不断升高，空气湿度不断增加，体内的汗液无法畅通地发散出来，因此不管体内小环境，还是外界大环境，都以湿热为主，所以人容易觉得累，不想动，容易犯懒，于是有了"芒种夏至天，走路要人牵；牵的要人拉，拉的要人推"的说法。

第四节

夏至：阴阳交错雨淋头
三门夏至吃"田羹"

一、节气起源

夏至是二十四节气中的第 10 个节气，一般是公历 6 月 21 日至 6 月 23 日中的某一天，是夏季的第 4 个节气。是日，太阳直射在北回归线上，北半球的白昼达到最长，且越往北昼越长，例如浙江杭州的白昼时间长达 14 小时。在这一天，北极圈内可以看到太阳不落，出现"极昼"现象。

中国民间把夏至后的 15 天分成"三时"，一般头时 3 天，中时 5 天，末时 7 天。这段时期我国大部分地区炎热高温，而农作物处于快速生长阶段，需水较多，值得庆幸的是，每年夏至期间，雨水都较为丰沛，前人将此阶段的降雨特点总结为"六月必有三时雨"。相比芒种时节的湿热，夏至后，真正的酷热拉开帷幕，但此时还未到达最热的节气。全国各地日均温升到 22℃以上，个别地区将达到 40℃以上。

夏至后，地面强烈受热和空气对流旺盛带来骤来疾去的雷阵雨，烈日与暴雨时常同在，出现"东边日出西边雨"的现象，因此农历五月也被称为"恶月"，主要是要经历难熬的"三伏天"。三伏天的算法，与我国古代使用的天干地支纪年有关，民间一直以"庚日"作为三伏的计算标准。庚日是农历算法中一个月的第 7、17、27 天，初伏是夏至后第三个庚日到第四个庚日，中伏则是第四个庚日到立秋后的第一个庚日，再之后的 10 天就为末伏，一般初伏和末伏的天数是固定的，中伏会在 10 至 20 天间变动，即在一个庚日到两个庚日间变动。

二、民间活动

在台州三门县，有一句老话："要困冬至夜，要嬉夏至日。"夏至这一天是北半球一年中白昼最长的一天，之后每日白天会逐渐变短，一直到冬至。三门县老百姓普遍会在夏至日煲羹吃。俗语说"夏至不吃羹，走路瘟塔塔"。羹，有时候又称扁食、汤包，是三门农家夏至的节令食品。做羹主要是把猪肉、豆腐干、冬笋、咸菜、虾皮等多种食材切成细丁，然后炒熟冷却后裹入擀薄的小麦粉，做成方形的薄粉皮（有时候会加入绵青汁，做成青羹），再做成像饺子一样的食品，可下热水煮沸吃，或上笼屉蒸熟吃。由于夏至正是农村插秧的时节，农家人会把点心送到田头吃，所以才有了"田羹"的称法。

三门县蛇蟠岛位于三门湾地理中心，三面环海，千洞石窟，是三门湾文化、海文化、石文化的重要展示窗口。夏至到蛇蟠，更能一尝三门湾的特色美食——夏至扁食。同时，蛇蟠传承了三门湾的围垦史，极好地展现了三门湾的风土人情。三门湾直通东海，海鲜丰富，像广受赞誉的三门青蟹与舌尖上的中国之跳跳鱼、望潮等，在蛇蟠百姓餐桌上都是家常菜。

三、传统饮食

1. 夏至饮食

　　吃麦糊烧是绍兴人夏至日的风俗。绍兴人用麦粉调制成糊，在锅里摊为薄饼烤熟，有尝新的意思。具体做法是：将25克精盐放入400克温水或冷水中溶化，加少许味精。然后，将500克面粉放入盆内，倒入调制的盐水，加上青葱末拌匀成糊状。如果是年轻人吃，则可少加些水，把面糊调得稠些。加精盐或白糖等均可按照个人的口味适当增减用量。不喜欢葱香味的，可以不加。再加点料酒，味道也会醇香诱人。等锅在火上烧热后加一小勺菜籽油，滑一下锅，待油开始冒烟时，倒入一勺面糊，用锅铲将糊摊开，厚度保持在3—4毫米，等煎烤至表面起泡后翻面，再煎烤一小会儿即可出锅食用。

　　此外，清代宁海人鲍谦有诗咏道："任是郎情爱绿醅，满樽烧酒莫轻开。须防夏至杨梅熟，大有姻亲接送来。"杨梅是夏天珍贵的果品之一，其营养丰富，还有药理作用。民间则有用白酒浸制杨梅酒的习惯。将其储备在盛夏时候饮用，具有解暑之效。而对于老宁波人，一般从夏至起开始防暑，人们会熬点绿豆粥、吃点冰木莲来消暑。清代之前的夏至日，全国会统一休假，老宁波人会在当天回家与亲人团聚畅饮，当地还流传着吃"夏至面"的习俗。

2. 夏至养生

夏至需要多食咸味以补心，多食酸味以达到固表止汗的效果，还要多吃苦味之食。苦味属水，可以除燥祛湿、清凉解暑、促进食欲。同时，夏至这天，昼最长夜最短，为适应自然变化的特点，要合理调整作息，早起晚睡，白天工作和活动时间适当延长。为了保持一个好的工作状态，中午可以适当午休，恢复体力。

从中医角度来说，夏季五行属火，对应肺腑为心，"夏气与心气相通"，因此夏天以养心为主，这里的"心"不仅是心脏，也包括心神。俗话说"心静自然凉"，夏季最宜平心静气，修养身心。

3. 夏至食疗

夏至时节，人体汗液过多而蒸发不畅会导致汗毛血管堵塞或者破裂，从而使得汗液渗入周围组织，引起皮肤病，俗称"痱子"。一般而言，排汗功能差的儿童和长期卧床不起的病人最易得痱子。痱子刚起的时候，皮肤会发红，然后冒出密集成片的针头大小的红色丘疹或丘疱疹，有时还会长成脓包。长痱子的部位会出现痒痛或者灼痛感，一般可用痱子粉来预防和缓解疼痛，也可在饮食上加以注意，避免食用油炸食品，多喝水，多吃蔬菜，还可以煮猪肉苦瓜汤喝。

台州有一种来自大山里的美味——"绿色豆腐"，其因形似豆腐而得名，由一种叫豆腐柴的叶子制作而成。豆腐柴有清热解毒的功效，由此制作的柴叶豆腐不仅是消暑佳品，更是难得的美味。还有一种属于台州夏季的清凉美食——洋糕，由大米、蔗糖和水三种原料经过多道工序制作而成。乳白色的糕体，撒上白芝麻，入口香甜柔嫩，盖上保鲜膜，放冰箱冷藏，味道清爽，驱暑润燥。

四、夏至农事

夏至这一天白昼最长，黑夜最短，从这一天起，炎夏将至，气候特征可以简单归纳为多午后阵雨、暴雨，梅雨天气，高温，潮湿。由于地面受热强烈，空气对流旺盛，午后至傍晚常易形成雷阵雨，这种雷阵雨骤来疾去，降雨范围小。另外，夏至时节正是江南一带的梅雨时节，这时恰逢江南梅子黄熟期，空气非常潮湿，冷、暖空气团在这里交汇，并形成一道低压槽，导致阴雨连绵。多数情况下，频频出现暴雨天气，容易形成洪涝灾害。暴雨有可能是台风雨，也有可能是锋面雨。夏至因此被称为"水节"。

在农事方面，主要是要做好"夏至夏始冰雹猛，拔杂去劣选好种，消雹增雨干热风，玉米追肥防黏虫"。正如农村童谣《数九歌》中所唱："一九、二九扇子勿离手；三九二十七，冰水如甜蜜；四九三十六，出汗如出浴；五九四十五，头戴秋叶舞；六九五十四，乘凉弗入寺；七九六十三，上床寻被单；八九七十二，思量盖夹被；九九八十一，家家打炭基。"农民要做好西瓜的田间管理与病虫害防治，播种秋菜，对荸荠进行定植、灌水、施肥与除草管理。

五、拓展知识

1. 浙江绍兴"做夏至"

夏至日是土运开始的时节，古人常常会通过乐舞纪念等方式祈求灾消年丰。所以，夏至在古时又称"夏节"或"夏至节"。《周礼·春官》中记载："以夏至日，致地方物魅。"那时，人们通过夏至日的仪式以感恩"地祇物魅"。到了宋朝，在夏至日之始，百官放假三天；辽代，夏至日被称为"朝

节"，妇女进彩扇，以粉脂囊相赠；清朝，夏至日居人慎起居，禁诅咒，戒剃头，多有忌讳。由此可见，从周代到清代晚期，夏至日一直被视作一个重大节日。

夏至前后是麦子丰收、新面粉上市的时候。夏至后的第三个庚日为初伏，第四个庚日为中伏，立秋后第一个庚日为末伏。三伏天人们食欲不振，往往比常日消瘦。人们从夏至开始改变饮食，以热量低、便于制作、清凉的食品为主要食材。面条通常为一般家庭的首选，因此，夏至面也叫"入伏面"。有些地方还吃新麦做成的饼、馍，谓之"尝新"。

在浙江绍兴，有"嬉，要嬉夏至日"的俚语。夏至日，人们不分贫富都会祭祀祖先，俗称"做夏至"，除常规供品外，会特别准备一盘蒲丝饼。此时，夏收完毕，新麦刚上市，因有是日吃面尝新的习俗，谚曰"冬至馄饨夏至面"。此外，明、清以来，绍兴地区的龙舟竞渡因气候缘故，多不设在端午节，而设在夏至，此风俗至今尚存。

2. 民间禁忌

在民间，尤其是农民，最怕在夏至日这天有雷雨天气。民谚云："夏至有雷，六月旱；夏至逢雨，三伏热。"对于靠天吃饭的农家人来说，无论是干旱还是伏热，都会影响农作物的收成。所以，在旧时，人们希望夏至别打雷、别下雨。

六、有关的诗词谚语

1. 诗词

竹枝词

唐·刘禹锡

杨柳青青江水平，闻郎江上唱歌声。

东边日出西边雨，道是无晴却有晴。

赏析 这首诗也是巴渝（今四川省和重庆市）一带的民歌。读完全诗便可知，这首诗描写了初恋少女听到情人的歌声时乍疑乍喜的复杂心情，可谓一首民间情歌。诗中写道，绿色的柳枝静静地垂落在平静的江面上，江水流动平缓，水平如镜。在这极易动情的环境中，一名少女听到江面上飘来小伙子的歌声。此时，这名少女的内心就像捉摸不定的天气一样，到底是有情还是没有情（诗人用谐音双关的手法，把天"晴"和爱"情"相通），一种复杂、忐忑不安的微妙感情跃然纸上。

虽然这首诗是杂咏当地风物和男女爱情的，富有浓郁的生活气息，但是仅选取"东边日出西边雨"的字面意思，则极好地表现了"夏至"的天气状态。雷雨季节，有些地方可能出现干旱，有些地方可能出现洪涝，雷雨来得快，去得也快。诗人也正是借助夏至的天气，将这位女子的爱慕之情描写得如此真切。

2. 农谚

夏至东南风，平地把船撑。

赏析 夏至天气炎热，时有雷阵雨，所以谚语大部分与"雨"和"热"有关，例如"不过夏至不热""夏至有雷三伏热""芒种火烧天，夏至雨淋头""夏至不起尘，起了尘，四十五天大黄风""夏至风从西边起，瓜菜园中受熬煎""夏至馄饨冬至团，四季安康人团圆""夏至落雨十八落，一天要落七八砣"等。

吃了夏至面，一天短一线。

赏析 夏至是继端午节之后一个重要的夏季节气，多在农历五月中下旬，也就是公历 6 月 22 日前后。夏至日这一天，太阳直射地面的位置到达最北端，几乎直射北回归线，北半球的白昼达到最长。夏至之后，太阳直射地面的位置就会逐渐开始向南移，北半球的白昼日渐缩短。

不过夏至不热，夏至三庚数头伏。

赏析 夏至虽然表示夏天已经到来，但是尚未达到天气最热的时候，夏至之后的一段时间，气温还会继续升高，大约再过二三十天，就是最热的时候了。过了夏至，我国南方会受副热带高压控制，出现伏旱。

第五节

小暑：小暑金将伏　松阳尝新米

一、节气起源

　　小暑是二十四节气中的第 11 个节气，一般是公历 7 月 6 日至 7 月 8 日中的某一天，是夏季的第 5 个节气。小暑与小寒相对，正所谓"月初为小，月中为大，今则热气犹小"。

　　到了小暑，气温已经很高了，酷热难熬，江淮流域梅雨季节先后结束，东部淮河、秦岭一线以北的广大地区受到来自太平洋的东南季风影响进入雨季，降水明显增加且雨量集中，而在长江中下游地区由于受副热带高压的控制，往往是高温少雨的天气，常出现伏旱现象。在有些年份，由于受到北方较强冷空气遇到南方暖空气而形成锋面雷雨的影响，在长江中下游地区也会有雷雨天气，此时，农作物需要特别关注和照护。在小暑前后，除了东北、西北这些气温较低地区还在收割作物外，全国大部分地区已经完成了夏收、夏种工作，在此期间主要开展田间管理工作，做好早稻的灌浆、中稻的施肥、单季晚稻的施分蘖肥、双晚秧苗的防病虫害等工作。

小暑之后，即将迎来三伏天，也就是全年最热，降水最多、最集中的日子。关于三伏天，具体可以详见前文——夏至"节气起源"部分的内容。"伏天"一词，在西汉时期就已经有了。对"伏天"的理解，不同学者的解释有一些出入。其实，"伏天"不是说因伏天天气炎热而使人处于精神无力的状态，而是说阳气从夏至开始减损，阴气开始上升，气温又极其炎热，人体会出现各种不适。古人说"伏"即"隐伏避盛暑"。所以，在小暑节气期间，要做好避暑工作，少动多静，以减少不适。

我国古代将小暑分为三候：一候温风至，二候蟋蟀居宇，三候鹰始鸷。到了小暑时节，大地上便不再有一丝凉风，所有的风都会带有热浪。《诗经·七月》云："七月在野，八月在宇，九月在户，十月蟋蟀入我床下。"其中所说的八月即是农历的六月，也正是小暑节气的时候，由于炎热，蟋蟀从田野来到庭院的墙角下避暑热。到小暑后期，老鹰会因地面气温太高而选择在清凉的高空中活动。

二、民间活动

1. 松阳尝新米

"食新"是古时小暑的一个重要习俗。所谓"食新",就是品尝新米。刚刚成熟的稻谷被农民割下后立刻碾好,用以纪念祖先等。之后,人们便会品尝自己的劳动成果,痛饮尝新酒,感激大自然的赐予与馈赠。不难发现,古人对大自然怀有热爱与敬畏,从大自然有所获得之后便会开展纪念活动,以表感恩和祈福下一次的大丰收,这体现了"靠天吃饭"的传统文化。

过去,在浙江丽水松阳县,松阳人在小暑时节也有"尝新米"("食新")的习俗。"尝新米"的具体日期,没有统一的说法。松阳县史志办叶永萱先生在《松阳乡俗散记》中认为"尝新米在七月底八月初""八月出,尝新米";刘关洲先生则认为山区的日期应再往后推移。而《松阳非物质文化遗产集萃》中提到,在春播之后就要选择"尝新米"的日子,以祈粮食丰收。届时即使稻谷未收割,也要象征性地拔几株稻谷放在锅里以示蒸的是新米。即使没有确切的"食新"日期,也足以证明在小暑节气,松阳曾有"尝新米"的传统。

至今,在松阳县大东坝镇燕田村,还流传着燕田战斗时村民请红军"尝新米",军民联欢共享革命胜利果实的美好故事。1935年夏,燕田村田里的稻穗泛出金黄色,成熟了,正当穷苦百姓喜笑颜开,准备尝新米的时候,红军队伍来了,村民们就热情邀请红军品尝刚刚从田里收割回来的新米。

松阳县城明清古街商肆连绵,至今依旧保留着打铁、制秤、制棕绷床等传统手工技艺,以及赶集市、尝新米等商贸习俗,很好地保留了农耕商业文明景象,被誉为复活的农耕文化业态。

2. 养蝈蝈儿

蝈蝈儿的名字最早可见于《虫荟旧说》。蝈蝈儿常用翅摩擦发出洪亮的声音。夏秋之间，孩童喜欢饲养它们。《瓶花斋集》中，蝈蝈被描述为一种很像蚱蜢但又身体肥壮的昆虫。蝈蝈儿喜欢吃丝瓜花和瓜瓤，叫声和促织相似而又比促织清澈些。

旧时，在浙江丽水一带，盛夏时街巷里就有肩挑着蝈蝈儿叫卖的，人们一般将蝈蝈养在纸糊的盒子里，或者养在用竹丝编制的笼中。繁密的虫鸣，会吸引不少孩子聚集过来。那时，每个蝈蝈儿能卖铜钱五枚至十多枚不等。富贵有钱人家买回去之后，会把它们养在红木盒里，上面嵌着玻璃，下面有底可以开启，用来喂食。喂养的饲料一般是毛豆、米饭、南瓜花等。等到晚上，还可以把蝈蝈儿悬于床头，听其清脆悦耳的虫鸣声入眠。《清嘉录》中记载吴地的风俗："笼养蝈蝈……听鸣声为玩。藏怀中，或饲以丹砂，则过冬不僵。笼刓干葫芦为之，金镶玉盖，雕刻精致。虫自北来，熏风乍拂，已千筐百笪，集于吴城矣。"

三、传统饮食

1. 小暑饮食

小暑后的饮食，有"头伏饺子二伏面，三伏烙饼摊鸡蛋"的说法。头伏吃饺子，"伏"与"福"谐音，寓意"元宝藏福"。等到末伏的时候，母鸡也休整结束，可以下蛋。人们则可以食用鸡蛋，烙鸡蛋饼吃。

由于小暑时节的多雨、高温，夏季更易患上消化道疾病，所以饮食要有节制，不可贪食、过量，且要以清淡、富有营养的食物为主。小暑黄鳝赛人参，以小暑前后一个月产的鳝鱼最为滋补味美。夏季往往是慢性支气管炎、支气管哮喘、风湿性关节炎等疾病的缓解期，而黄鳝性温味甘，具有补中益气、补肝脾、除风湿、强筋骨等作用，根据冬病夏补的说法，小暑时节最宜吃黄鳝。黄鳝蛋白质含量较高，铁的含量比鲤鱼、黄鱼高 1 倍以上，并含有多种矿物质和维生素。此外，黄鳝还可降低血液中胆固醇的浓度，防治动脉硬化引起的心血管疾病，对夏季食积不消引起的腹泻也有较好的作用。用素油炒鳝片，再加一些大蒜，简便且老少咸宜。

此外，小暑节气，也可以做一些时令蔬菜来吃。一是可炒绿豆芽：选用新鲜的绿豆芽 500 克，准备适量花椒、植物油、白醋、食盐、味精。将豆芽洗净，油锅烧热，花椒入锅，等烹出香味，再把豆芽下锅爆炒几下，倒入白醋继续翻炒数分钟，起锅时放入食盐、味精，装盘即可。二是正值吃藕的季节，可多吃蜂蜜藕片：可将鲜藕以小火煨烂，切片后加适量蜂蜜，随意食用，有安神助眠之功效，可治血虚失眠。同时，藕中含有大量的碳水化合物及丰富的钙、磷、铁和多种维生素，还有膳食纤维，具有清热养血除烦等功效，适合夏天食用。

舟山金塘李的采摘期一般在 7 月初，刚好在此节气。金塘李皮绿肉红、肉质松脆鲜甜、果大核小多汁、营养丰富，适量食用有开胃之功效，适合在夏季食用。舟山金塘李作为浙江省十大名果之一，因原产并盛产于金塘岛而得名，具有一百年的悠久历史。金塘李也可加工成蜜饯、话梅等系列产品，远销新加坡、日本等地。舟山有句俗话，叫"桃饱李伤命"，意思是桃子好当饭吃，李子吃多了却伤身体。所以李子虽好吃，但不能多吃。李子吃多了，肠胃会难受。中医认为，李子属于寒性食物，多食会使人生痰，甚至发虚热，让胃肠剧烈蠕动，因而脾胃虚弱和肠胃消化不良者应少吃。

2. 小暑养生

小暑时节，天气比较炎热，人们容易烦躁不安，常有犯困、少精神气的现象。心脏是五脏六腑之首，有"心动则五脏六腑皆摇"之说，因此，要做好心脏的养护，应平心静气，以"心静"为宜，心静自然凉。

小暑之后，便会进入三伏天，炎炎夏日即将来临，并且温度还将不断上

升。古人说"伏"是"隐伏避盛暑"的意思，所以在三伏日要少动多静，避免剧烈运动，穿淡色衣服，必须外出时务必做好防暑工作，多喝水，尽量避免在午后太阳热辣时外出。

四、小暑农事

小暑对农民来说是非常忙碌的时节，因为"小暑进入三伏天，龙口夺食抢时间，玉米中耕又培土，防雨防火莫等闲"。

小暑节气期间，受来自海洋的东南季风和西南季风的影响，我国进入雨季。南方部分地方也进入雷暴最多的时节，常伴随着大风、暴雨。热带气旋活动频繁，登陆我国的热带气旋开始增多。同时，雨带开始北移到北方地区，南方受副热带高气压带控制，盛行下沉气流，降水少、蒸发旺，形成干旱炎热的酷暑天气，即伏旱。各地在抓好防汛的同时，也要加强蓄水防旱。

小暑期间，早稻处于灌浆后期，早熟品种在大暑前就要成熟收获，要保持田间干湿有度。中稻已拔节，进入孕穗期，应根据长势追施穗肥，促穗大粒多。单季晚稻正在分蘖，应及早施好分蘖肥。同时，大部分棉区的棉花开始开花结铃，生长最为旺盛，在重施花铃肥的同时，要及时整枝、打杈、去老叶，以协调植株体内养分分配，增强通风透光，改善群体小气候，减少蕾铃脱落。

浙江兰溪枇杷作为当地农业的支柱产业之一，种植面积约 2.2 万亩，产量达 1 万余吨，产值近亿元。但是在小暑节气，枇杷林也面临考验，要做好抗旱工作。农民可以对有条件浇水的地块，确保应浇尽浇，减轻旱情影响；可以采用覆盖遮阳网、秸秆或杂草的方式，防止叶片灼伤，减少水分蒸发；对于树体受伤比较严重的枇杷树，要为其补充一些营养，适当使用一点复合肥和微量元素，增强植株抗旱能力。

五、拓展知识

1. 过"六月六"

"六月六，晒红绿"是传统民俗之一。"红绿"，指的就是五颜六色、各式各样的衣服。民谚有云："六月六，人晒衣裳龙晒袍。"久存于箱柜中的衣服、书画在晴朗的阳光之下多晾晒，可去潮去湿，防霉防蛀。

由于这一天，差不多是在小暑的前夕，也是一年中气温最高、日照时间最长、阳光辐射最强的日子，所以家家户户大多会不约而同地选择这一天"晒伏"，也就是把存放在箱柜里的衣服晾到外面曝晒一下，去潮、去湿、防霉防蛀。老百姓们趁着太阳，晒书、晒经卷、晒衣服，俗称"晒伏"或"晒霉"——高温消杀，祛除霉味、蛀虫。选择"六月六"，是因为此时恰逢长江中下游地区的梅雨季即将或已经过去，经历了一个以"霉"为特色的时节，自然要把衣物、被褥拿出来晒一晒。浙江西塘镇华联村在这一天还会开展"晒书"活动。

过"六月六"没有特别的仪式，没有特殊的方式，只是人们一种不约而同的行为。同时，各种对"六月六"所赋予的文化传说，也是古时人们想象力的体现，以及对这段时期天气的总结和概括。

2. 民间禁忌

（1）小暑最忌吹南风。

"小暑南风，大暑旱""小暑打雷，大暑破圩"之说，意为小暑若是吹南风，则大暑时必定无雨，小暑日如果打雷，大暑时必定有大水冲决圩堤，要注意防洪防涝。江南有"小暑雷，黄梅回；倒黄梅，十八天"的说法。

（2）小暑忌讳坐木头。

民间有"冬不坐石，夏不坐木"的说法。小暑过后，气温高、湿度大。

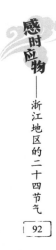

久置露天里的木料，如椅凳等，经过露打雨淋，含水分较多，表面看上去是干的，可是经太阳一晒，温度升高，便会向外散发潮气，在上面坐久了，会诱发痔疮、风湿和关节炎等疾病。所以，中老年人一定要注意，不能长时间坐在露天放置的木料上。

六、有关的诗词谚语

1. 诗词

夏日南亭怀辛大

唐·孟浩然

山光忽西落，池月渐东上。

散发乘夕凉，开轩卧闲敞。

荷风送香气，竹露滴清响。

欲取鸣琴弹，恨无知音赏。

感此怀故人，中宵劳梦想。

赏析 这首诗歌较好地描写了人们在小暑节气避暑纳凉的生活状态，同时也表达了诗人对友人的怀念。夏日的夜晚，披散着头发，打开窗户躺卧在幽静宽敞的地方乘凉，也是一种闲适自得的情趣。晚风送来荷花的香气，露水从竹叶上滴下，发出清脆的响声，嗅觉、听觉均得到满足并获得快感。

2. 农谚

小暑过，一日热三分。

赏析 小暑节气，天气开始慢慢变得炎热，但是炎热尚未达到极致，且伴随雷雨天气，所以关于小暑的谚语，以高温和阴雨为主。此外，类似的还有"河道决口似瀑布，千人万人难挡住""伏天热得很，丰收才有准""早晨下雨一天晴，晚上下雨到天明"等谚语。

小暑天气热，棉花整枝不停歇。

赏析 在小暑时节，小部分棉区的棉花开始开花结铃，处于生长最为旺盛的时期。农民在重施花铃肥的同时，要及时整枝、打杈、去老叶，以协调植株体内的养分分配，增强通风透光，改善群体小气候，减少蕾铃脱落。另外，盛夏还是蚜虫、红蜘蛛等多种害虫盛发的季节，适时防治病虫是田间管理的又一重要环节。

小暑一声雷，倒转做黄梅。

赏析 小暑时期伴着雷雨和热带风暴，常会有降水，虽然对水稻等农作物生长非常有利，但会给棉花、大豆等旱地作物及蔬菜造成不利影响。有的年份，小暑前后北方冷空气势力仍比较强，在我国长江中下游地区与暖空气势均力敌，出现锋面雷雨。小暑节气的雷雨常是"倒黄梅"的天气状况，预示着降雨天气会持续一段时间。

第六节

大暑：温州伏茶送清凉　六月初迎大暑风

一、节气起源

　　大暑是二十四节气中的第 12 个节气，一般是公历 7 月 22 日至 7 月 24 日中的某一天，是夏季的第 6 个节气。立夏预示着夏季的开始，夏至达到阳气最盛，而大暑的来临，意味着一年中最热时节的到来。相传，夏季的太阳是炎帝神农氏的光辉化身，他赐予人类三件宝物，即农业、商业和医学。希望万物能够欣欣向荣，却因看到地上生灵被疾病和毒素困扰而悲伤的炎帝，毅然决然地开始了一项伟大的事业——亲口品尝地上所生长出来的植物，分辨出它们的药性和毒性。而在一次分辨草药的时候，他服下了一棵不起眼的小草，这小草所携带的剧毒立刻将炎帝的身体撕裂，在五内俱焚的痛苦下，炎帝神农氏离开了世界。此后，夏季就结束了，凉爽的秋季即将到来。

大暑与小暑相对。暑，即为炎热的意思，"在天为热，在地为火……其性为暑"则蕴含着暑的属性包含热和火的特性。大，从甲骨文来看，很像人形顶天立地的形态，所以有时候也称"顶天立地为大"。总之，大暑是炎热和炙热达到了极致的体现。

根据人类的观察总结，夏季最热的天气处在"三伏天"，而"三伏天"最热的是"中伏"，大暑则正值"中伏"前后，所以是一年中最热的时期。由于受到西太平洋副热带暖高压的影响，长江中下游地区往往晴热难耐，平均气温达到35℃，最高时可达40℃。

大暑节气，容易出现"三之最"，即光照量达到一年中最大，气温达到一年中最高，降水量达到一年中最多。这主要是因为高温天气容易带来干旱、强对流天气和强降雨。此外，这一时期时常发生雷暴，但不一定带来降雨，故有"东闪无半滴，西闪走不及"的说法，意思是在夏季午后，闪电如果出现在东方，雨就不会下，闪电如果出现在西方，雨势很快就要到来。这也形象地说明了夏季雷阵雨的特点。

我国古代将大暑分为三候：一候腐草为萤，二候土润溽暑，三候大雨时行。夏天去露营时，人们常常会在夜空中看到飞舞的萤火虫。大暑正是萤火虫大量繁殖的时候。目前世界上约有两千多种萤火虫，分水生与陆生两类。陆生的萤火虫会把卵产于枯草上，由枯草提供营养，到大暑时，萤火虫卵化而出，所以古人认为萤火虫是腐草变成的，这并非没有道理。过了五天之后，到了第六天，天气开始变得闷热，土地也很潮湿。第三候是雷雨时常会出现，炎热天气得到一定程度的缓解，天气开始向立秋过渡，凉爽的秋季即将来临。

二、民间活动

1. 喝伏茶

古时候，很多地方的农村都有个习俗，为了平安度过三伏天，早早就拿出了"免费茶水"供路人饮用：村里人会在村口的凉亭里放些茶水，免费给来往路人喝。如今，这样的凉亭很少见到了，不过在浙江温州，这个习俗却被一直保留了下来，而且服务更加周到。这得感谢温州当地的爱心人士。

提供免费茶水的习俗相传始于南宋，盛于清朝，但确切年代已无从得知。在温州，这种茶有个专门的称呼，叫作"伏茶"。伏茶，顾名思义，是三伏天喝的茶。免费供应伏茶的时间一般是农历六月初到八月末。

关于温州伏茶的配方，早在 20 世纪 50 年代，李珍编纂的《浙南本草》即有提及。适逢酷暑炎炎，在走访的温州景山附近，以及仰义、瞿溪等地的村庄时，每到一家，村民们总以清茶相待。而村民们自己喝的就是淡竹叶、夏枯草、金银花藤一类的凉茶，这也是温州民间制作"小伏茶"最为普遍的配方，符合"简、便、廉、验"的用药原则。特别是淡竹叶，因为其有清暑、除烦、止渴之效，用于暑热，口舌生疮，小便赤涩，能清心利尿。"伏茶"的配方是按中草药处方煎制的，有的多达十几味中草药。现在一些小区供应点则是由小区居民捐钱、小区退休老人轮流煮茶来实现供应的。居民或者路人也可以在桌上摆放的"爱心箱"内投入"爱心"，将清凉送给更多的人。所以，将适合本家人饮用的茶，称"小伏茶"，而免费供应的伏茶则是"大众茶"，也称"大伏茶"。

提供爱心伏茶作为一项优良传统，其历史之久、受益之广、文化内涵之深，是我国少有的。它是温州人民的创造，也是慈善事业的壮举，又是中医文化内涵的发扬。目前，浙江其他地区也开始将温州伏茶的做法"复制"过来，以期造福更多的老百姓，帮助百姓平安度过难熬的三伏天。

2. 斗蟋蟀

斗蟋蟀，也称斗蛐蛐、斗促织。斗蟋蟀的历史悠久，是一种具有浓厚东方特色、中国特有的文化生活，主要发源于中国的长江流域中下游和黄河流域中下游。大暑节气是喜温农作物生长速度最快的时期，此时乡间田野中蟋蟀最多。因为蟋蟀对环境的适应性非常强，只要有杂草生长，就会有蟋蟀生存。

斗蟋蟀活动始于唐代，盛行于宋代，清代时更加讲究：蟋蟀要求无"四病"，即仰头、卷须、练牙、踢腿；外观颜色也有尊卑之分，白不如黑，黑不如赤，赤不如黄；体形要矫健。蟋蟀相互对抗比赛的时候，要挑重量和大小差不多的，用蒸熟后特制的草或者马尾鬃引斗，让它们相互较量，几经交锋，败的退却，胜利的张翅长鸣。旧时城镇、集市，多有斗蟋蟀的场所，现在民间还依然保留此项娱乐活动。

浙江天台人称蟋蟀为"油奏"，斗蟋蟀又称"打油奏"。在天台县，每年农历的大暑至中秋有斗蟋蟀的习俗，还会举办斗蟋蟀大赛。斗蟋蟀是天台百姓为纪念济公而兴起的一项民间游艺活动。2012年6月，斗蟋蟀被列入第四批浙江省非物质文化遗产名录。

三、传统饮食

1. 大暑饮食

浙江奉化盛产水蜜桃。奉化水蜜桃被称为"瑶池珍品"，已有500多年种植历史，每年大暑节气正值成熟期，适合食用。奉化水蜜桃有很高的营养价值，味甘、酸、性温，有生津润肠、活血消积、丰肌美肤的作用，可强身健体、益肤悦色及辅助治疗体瘦肤干、月经不调、虚寒喘咳等诸症；其中富含的胶质物到大肠中能吸收大量的水分，达到预防便秘的效果。国务院发展研究中心农村发展研究部等部门命名奉化为"中国水蜜桃之乡"，奉化水蜜桃可称国家级名果。

在浙江台州，人们在大暑节气有吃姜汁调蛋的风俗，认为这样可以去除体内湿气。也有老年人喜欢吃鸡粥进补。姜汁调蛋主料有姜汁、蛋、红糖等，还可配核桃碎、龙眼或荔枝。姜汁、鸡蛋和红糖一同调匀，装小碗进大锅干烧，烧出的蛋品甜中带辣，口感扎实朴素，营养丰富，具有散寒、暖胃、止呕、祛痰、健脾等诸多功效。

2. 大暑养生

大暑时节暑气蒸腾，气温高，阳气最盛。容易导致中暑与湿热，但对于有宿疾的人来说，在大暑节气治疗冬季发作的慢性病有极其神奇的功效，例如慢性支气管炎、肺气肿、支气管哮喘、腹泻等疾病，结合适当药剂，病人状况就会大有改观。

针对"冬病夏治"的治疗手段，主要有贴"伏贴"。也就是在三伏天将特定的药材磨成粉，用膏药贴在人体的相应穴位上。经过4—6个小时，人体会感觉到灼痛、微痒或温热舒适。若感觉有灼痛，可提前取下膏药。一般需要连续坚持3年在三伏天的时候贴"伏贴"，疾病才会有所改善。

大暑时期，在日常养生方面，要注意睡眠充足，不可在过于困乏时才睡，应当在微感乏累之时便开始入睡。不可露宿，室温要适宜，不可过凉或过热，房中也不可有对流的空气，即所谓的"穿堂风"。同时，应保持乐观情绪，戒躁戒怒，遇到不顺心的事，要学会冷静处理，戒烟限酒。暑热时节，平心静气，淡然从容，是安度大暑的最好方式。

四、大暑农事

大暑时节，天气炎热，空气中的湿度将越来越大。各地即将进入一年当中最为潮湿闷热的时期，也就是通常所说的"桑拿天"。但高温天并不等于桑拿天。所谓"桑拿天"，一定要有温度、有湿度。桑拿天气温高，近地面空气受热之后膨胀上升，造成地表空气稀薄，增加心慌闷热感。天气炎热导致蒸发加大，空气中的水汽增加，致使人体内的汗水容易排出，皮肤表面总是黏黏的，很难受。大暑期间的高温是正常的气候现象。但连续出现长时间的高温天气，对水稻等作物生长十分不利。

大暑雨水较多，正所谓"大暑大热暴雨增，复种秋菜紧防洪，勤测预报稻瘟病，深水护秧防低温"。在北方，大暑处于北方汛期的关键期，应注意加强防汛工作，同时做好棉花整枝和果园防治病虫害工作。在浙江地区，大暑时节对一些种植双季稻的农民来讲，一年当中最艰苦、最紧张、顶烈日战高温的"双抢"季节正式拉开序幕了。"双抢"指农村夏天"双抢"——抢收庄稼、抢种庄稼。七月早稻成熟，收割后，得立即耕田插秧，务必在立秋左右将晚稻秧苗插下。因只有不到一个月工夫，农民需要收割，犁田，插秧，农事安排十分忙，正所谓"禾到大暑日夜黄"。只有适时收获早稻，才能适时栽插晚稻，为晚稻争取足够的生长期。

在浙江省台州市仙居县，农民在大暑节气驾驶农机翻耕水田，紧抓农时，积极投入抢收抢种"双抢"大忙季节，全面铺开晚稻插秧。在温岭市石桥头镇土坦新村，农民们拔取晚稻秧苗，并移栽到大田里。

五、拓展知识

1.温州煎青草豆腐

大暑节气来临，浙江温州人有煎青草豆腐的习俗。青草豆腐是温州的一种特色美食，也是老温州人从小吃到大，用于炎炎夏日消暑的首选小吃。"青草"其实是几味中药的俗称，而"青草豆腐"的名字，以豆腐言其形，以青草道其质，是由温州话直译而来的，指的是将仙草、甘草、夏枯草与菊花、金银花等中草药煎制成豆腐形状，冷却后食之，清凉解毒，生津止渴。

过去不少温州家庭都能自制青草豆腐，但青草豆腐的制作过程极为复杂，所以现在会制作青草豆腐的人已经不多了。用"青草"打冻制成的青草豆腐散发着淡淡的青草味，呈黑色，胶状，吃时撒些许白糖上去，再浇上点薄荷水，那便是一口一阵清风。清新爽口的味道，就是夏天的滋味。

2.民间禁忌

《气候集解》云："暑，热也，就热之中分为大小，月初为小，月中为大。"在整个六月，民间逢卯日忌吃鸡、食苦菜。除此之外，饮食方面的一般禁忌还有以下几条：

（1）忌用冷饮降温。大暑时节是一年中阳气最为旺盛的时候，除了暑热之气，还会兼夹湿浊之气，人们为了解暑往往会饮用大量冰饮，稍有不慎就会造成胃肠不适，进而导致腹泻。

（2）忌大量饮水。饮水应少量、多次，每次以不超过300毫升为宜。

（3）忌吃大量油腻食物。应该少吃油腻食物，以适应夏季胃肠消化功能的变化。

（4）忌吃辛辣食物。吃辛辣食物虽然可以开胃，但不能多吃，否则会伤及脾胃。

六、 有关的诗词谚语

1. 诗词

满江红

宋·刘将孙

南浦绿波，只断送、行人行色。

虽则是、鹏抟九万，天池春碧。

鸾侣凤朋争快睹，鸥盟鹭宿空曾识。

到玉堂、天上念西江，今非昔。

公去也，宁怀别。

人感旧，情空切。

但岁寒松柏，相期茂悦。

好在莫偿尘土债，风流宁可金门客。

俯人间、大暑少清风，多炎热。

赏析 虽然这首诗歌的基调一开始是灰色和暗淡的，但写到后半部分，诗人的心态有了转变，还是流露出欣喜，回归到现实中。最后一句写道："俯人间、大暑少清风，多炎热。"点出写作背景是在炎热的大暑节气，很少有清风。虽然大暑已至，立秋未远，但是气候并不宜人。自得其乐，在庭下乘凉，小酌一杯，回归简单真实的生活是如此重要。

2. 农谚

大暑热不透，大热在秋后。

赏析 大暑节气，正值农民抢收抢种的时节，因此流传的谚语主要是对日后天气进行的预测。类似的还有"大暑连天阴，遍地出黄金""大暑展秋风，秋后热到狂""此时正值中伏天，各种作物生长欢""抢收抢种防灾害，田间管理莫等闲""伏天深耕加一寸，胜过来年上层粪""三伏大暑热，冬必多雨雪"等。

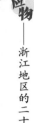
大暑不割禾，一天少一箩。

赏析 对于种植双季稻的地区来说，大暑是最为紧张、艰苦的农事时间。在大暑期间，适时收获早稻，不仅可以减少风雨对稻子造成的危害，确保水稻丰收，而且可使晚稻适时栽插。农耕人员要根据天气的变化，晴天多割，阴天多栽，尽量在 7 月底栽完晚稻，最迟不可迟过立秋。

大暑天，三天不下干一砖。

赏析 大暑时节，长江中下游地区正值伏旱期，酷暑盛夏，水分蒸发特别快。旺盛生长的农作物对水分的需求尤为迫切，真是"小暑雨如银，大暑雨如金"。棉花花铃期叶面积达到最大值，也是其需要水分的高峰期，必须立即灌溉。灌水要注意避开中午高温时候进行，因为土壤温度变化过于剧烈会加重蕾铃脱落。大豆开花结荚也需要水，对缺水的反应十分敏锐。俗话说"大豆开花，沟里摸虾"，出现旱情应及时浇灌，这就是人们常说的"大暑天，三天不下干一砖"。

第三章

云收夏色　叶动秋声

第一节

立秋：千里湖山秋色净
　　湖州七夕乞巧风

 一、节气起源

　　立秋是二十四节气中的第 13 个节气，每年 8 月 7 日或 8 日，太阳的位置运行到黄经 135 度，秋季就开始了。立秋是秋季的第 1 个节气，但此时暑气仍然没有消退，离真正入秋还有一段时间。我国古代将立秋分为三候：一候凉风至，二候白露生，三候寒蝉鸣。立秋过后，刮风时人会感到凉爽，接着，

清晨的大地上会有雾气产生，感阴而鸣的寒蝉也开始鸣叫。立秋，不仅表示秋天的到来，也预示着草木开始结果孕子。单从字面上看，"秋"由"禾"与"火"组成，其含义就是庄稼快要成熟的意思，代表着秋天是一个收获的季节。

立秋时节，风渐渐吹散暑气，带来一丝清凉，早晨容易起雾。这是因为早晚的温差开始变大，空气中的水分凝结成雾气。虽然俗语讲"暑去凉来"，但实际上，立秋后，气温不仅没有立马降下来，反而会有短期趋热的现象，人们称之为"秋老虎"。"秋老虎"之后，天气才从夏天向秋天过渡，逐渐变得温和惬意。

二、民俗活动

1. 七夕 "乞巧"

七夕节又称"乞巧节""女儿节"，是在农历的七月初七，正值立秋时节。七夕节历史悠久，起源于汉代，一直流传至今。"银烛秋光冷画屏，轻罗小扇扑流萤。天阶夜色凉如水，坐看牵牛织女星。"杜牧的《七夕》诗，描绘了一个富有神话意味的民间节日——七夕节。

相传在七夕这一天，牛郎和织女会在鹊桥相会。在神话传说中，织女勤劳善良、心灵手巧，她能织出彩霞般的锦绣。而且每到七夕，织女都会把自己的"巧"传授给民间的姑娘。所以这天晚上，会有不少年轻的姑娘举行拜祭仪式，意在向织女祈求智慧和技艺，希望自己也能拥有一双灵巧的手和一颗聪慧的心，而年轻的少妇则祈求婚姻美满、早生贵子，这便是"乞巧"，故七夕节又称"乞巧节""女儿节"。可以说，七夕节是中国最具浪漫主义色彩的节日。

旧时湖州有不少有趣的乞巧仪式。一是"验巧"，姑娘们手拿金丝线，对着月光穿针，先穿过针孔者或者线一次即穿过针孔者称"巧手"。二是"赛巧"，七夕这一天是女子展现女红巧艺的大好时机。女子将制作精美的小物品摆放出来"赛巧"，庭院的几案上还要摆上瓜果、巧果，意请天上的织女来品评。巧果又名"乞巧果子"，款式多样。制作巧果，要先将白糖放在锅中溶为糖浆，然后和入面粉、芝麻，拌匀后摊在案上擀薄，晾凉后用刀切为菱形、蝶形等，入油镬炸至金黄色。手巧的女子，还会捏塑出各种与七夕传说有关的花样。女子们坐在几案旁，一面观赏遥远的夜空，一面吃着各种巧果，认为这样便会乞得灵巧。

2. 啃秋

浙江地区还有立秋日吃西瓜的习俗。人们会买个西瓜或者其他瓜果回家，全家人一起分享，因为这一天的瓜果会更甜一些，这就是啃秋了。不少的农村人在瓜棚里，在树下，或三五成群，或席地而坐，抱着西瓜啃，抱着金黄的玉米棒子啃。啃秋，实际上抒发的是一种丰收的喜悦。时至今日，在湖州德清还保留着"啃秋"习俗，人们在立秋吃西瓜、喝烧酒，认为如此可以避免生病。

3. 摸秋

旧时湖州还流传着摸秋的习俗。立秋之夜，未生育的已婚妇女，在女伴的陪同下，到田里摘瓜摸豆，叫作摸秋。民间相传，若摘到南瓜，就容易生儿子，摘到扁豆就容易生女儿。按照传统风俗，立秋日，瓜豆随人采摘，不能视为偷。

4. 郊祀

立秋是夏秋之交的重要时刻，是庄稼收获的季节。在浙江地区民间，常

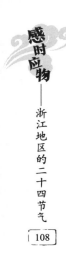
有祭土地神的做法。比如在浙江杭州，农民会在立秋当晚望空祈祷；在临安，农民会带上酒肉到田间祭祀田祖。不论以何种方式祭秋，都代表着人们对土地的崇拜，对风调雨顺、五谷丰登的美好期盼。

三、传统饮食

1. 食秋桃

过去在湖州一带，人们在立秋这天流行吃秋桃。这一天，大人孩子都要吃秋桃，每人一个，吃完之后把桃核暂时留起来，一直等到除夕这天，大家把立秋日存放的桃核丢进火炉中烧成灰烬，人们认为这样就可以免除一年的瘟疫。从唐宋时起，义乌一带有在立秋时用秋水服食小赤豆的风俗。小赤豆就是红小豆，一般取七粒至十四粒，以井水送服，服用时还讲究要面朝西，人们认为这样做可以一整个秋季都不犯痢疾。

2. 贴秋膘

在清朝，民间流行在立秋这一天"悬秤称人"，如果瘦了就要在立秋后进补，也就是"贴秋膘"。为了弥补盛夏酷暑带来的体力消耗，这一天要吃味道厚重的美食。湖州人一般首推吃肉，以肉补肉。立秋当天，湖州普通百姓家一般会吃白切肉、炖鸭、炖鸡等。

3. 祓秋

在浙江定海，立秋日，儿童食蓼曲（俗名"白药"）、莱菔子，称为祓秋，人们认为这样可防治积食。舟山人则要给小孩吃萝卜、炒米粉等拌和的食物。在浙江镇海、奉化，流行给儿童吃绿豆粥。人们认为孩子这样吃后长得快，长得壮。在浙江金华，立秋日"以木莲子绞汁凝如冰，养以井水，随意划取，加糖醋食之，谓之'凉粉'，云已痱"。[1]

四、立秋农事

立秋后，秋高气爽，气温有所下降，但我国大部分地区仍然存在高温天气，俗称"秋老虎"。此时，稻谷已经开花结穗，大豆已经结荚，玉米叶也长出了须，红薯在地下迅速长大……各种各样的农作物仍然处于茂盛生长期，对水分需求旺盛。

立秋后，全年最热的天气结束。在湖州，农民们要抓紧时间，趁着秋高气爽把稻谷晒干；还要抢种晚稻，尽早完成插秧任务，进入稻田管理阶段，留下时间检查调节水温、给叶面施肥等，防止"秋老虎"带来的高温伤害稻苗。茶园里也有农民忙碌的身影，为了开春春茶能够实现高产，立秋后就要跟上秋耕，消灭茶园的杂草，疏松土壤，施肥，使土地更肥沃，提高茶园保水能力，让茶树长得更加壮硕。

大白菜此时进入适宜播种的季节，最好能赶在低温天气来临前让菜株生长得饱满坚实，尽早迈入足以抵御低温的状态。棉花也开始结棉桃，要及时整理枝叶，去掉老叶、赘叶，减少营养不良产生的落桃。勤劳的农民会提早整理好土地、施好肥，等待冬小麦的播种季节到来。立秋后，果树上的果实已经成熟，进入果树营养物质积累和花芽分化的关键期。这个时期加强管理可增加当年产量，促进花芽分化，提高果树的抗寒能力。要注意勤喷肥，以促进新梢成熟，增进果实着色，提高含糖量。

---

[1] 丁世良、赵放主编：《中国地方志民俗资料汇编·华东卷》，书目文献出版社1995年版，第871页。

五、拓展知识

1. 预防感冒及呼吸道疾病

夏秋之交，天气变化多端，人体的免疫力有所下降，再加上季节交替，病菌易滋生，人体容易感染，需要特别注意对感冒及呼吸道疾病的预防。

立秋时节天气忽冷忽热，温差较大，体质较弱的人很容易着凉，导致感冒。所以，夏秋之交要注意防寒，随着天气的变化及时增减衣物。切忌初秋晚上睡觉不盖被子，且睡觉时不可开电风扇直吹，以免腹泻、头痛。身体健康的人，可常用冷水清洗口鼻，这样有助于预防感冒。

季节变化时，呼吸道防御能力差的人很容易感染疾病，因此，在此时节要特别注意预防呼吸道疾病和肺病。老年人、幼儿等体弱者要注意锻炼，增加营养，时常保持轻松的心态。年轻人尤其容易患咽喉炎，如果出现咽部不适，应该多喝温热水，多食用些滋阴润喉的食物，如梨、百合、黑木耳等。平时用嗓较多的人更要注意保护嗓子，尽量少说话。秋天容易上火，尽量减少食用辛辣食物，以免刺激嗓子，影响健康。

2. 民间禁忌

全国各地立秋之日普遍忌讳下雨、打雷、出彩虹。杭州有农谚云："立秋晴，一秋晴；立秋雨，一秋雨。"在湖州安吉，立秋日下雨则主旱，有"雨打秋头，晒杀鳝头"之说，而农家最怕秋旱。在遂昌有"立秋雨打头，无草可饲牛"的农谚。总体来说，在江浙一带，人们相信如果立秋下雨，此后非旱即涝。

六、有关节气的诗词谚语

1. 诗词

秋词

唐·刘禹锡

自古逢秋悲寂寥，我言秋日胜春朝。

晴空一鹤排云上，便引诗情到碧霄。

赏析 自古以来，每逢秋天都会让人感到悲凉寂寥，但诗人却认为秋天要胜过春天。万里晴空，一只鹤凌云而起，将诗人的诗兴也引发到蓝天之上了。

秋季，在人们的印象中，往往扮演着一个悲凉的角色，它的"凋零"与"枯萎"早已成为一种独特的意象。但在这首诗中，诗人开篇即断然否定了前人悲秋的观念，表现出一种激越向上的诗情。"胜春朝"就是诗人对秋景最为充分的认可。这种认可，绝非一时的感性冲动，而是融入了诗人对秋天的更高层次的理性思考。这首诗想给读者传递的不仅仅是秋天的生机和活力，更多的是一种高扬的气概和高尚的情操。全诗气势雄浑，意境高远，寓情于景，表现出了高扬的精神和开阔的胸襟，唱出了非同凡响的秋歌。

2. 农谚

立秋不立秋，六月二十头。

赏析 无论立秋节气到还是没到，到了农历六月二十这一天以后，天气就开始变凉了，早晚需要添加衣物，晚上睡觉该盖上薄被了。

立了秋，挂锄钩。

赏析 立秋之后，天气开始转凉。庄稼如果不遭遇突发的自然灾害，期盼的丰收已成定局。而杂草的长势也已经得到有效遏制，对庄稼不再构成威胁。从这时起，牛不下田、锄入库，农民进入了相对悠闲的时节。

立秋无雨是空秋，万物从来一半收。

赏析 立秋时节，很多农作物将迎来收获，此时是农作物需水的关键期。如果立秋没有下雨，那对农作物的产量是有很大影响的，甚至会出现所种植的农作物在秋收的时候减产一半的局面。如果立秋下雨，则可以有效缓解旱情。

第二节

处暑：中元指影看河灯
象山千帆竞发开渔节

西历七月廿三

处暑

三候禾乃登
二候天地始肃
一候鹰乃祭鸟

一、节气起源

　　处暑是二十四节气中的第 14 个节气，也是反映气温变化的节气，每年的 8 月 23 日或 24 日，太阳运行到黄经 150 度时即入处暑。处暑是秋季的第 2 个节气，顾名思义就是夏天结束。处暑时节，天气逐渐由炎热向寒冷过渡，夏天正式结束了。处暑分三候：一候鹰祭鸟，二候天地肃，三候禾乃登。此时，老鹰要大量捕猎鸟类，天地之间万物开始凋零。"禾"是对黍、稷、稻、粱类农作物的总称，"登"为成熟的意思。处暑之后暑气消退，昼热夜凉的气候条件对于庄稼来说也是极好的，可以加快成熟速度。民谚："秋不凉，子不黄。"在这秋高气爽的金秋时节，田间的作物成熟得很快，农民对农作物的管理进入了最后的阶段。

《气候集解》中对处暑的解释是："处，止也，暑气至此而止矣。""处"即为结束的意思。处暑时期，我国真正进入秋季的只是东北和西北地区。南方的天气开始逐渐转凉，但没有北方那么明显。"秋老虎"一般发生在九月之后，持续约一周至半月，甚至更长的时间。

二、民俗活动

1. 开渔节

对于沿海渔民来说，处暑以后是渔业收获的时期，这时海水温度依然偏高，鱼群会停留在海域周围，鱼虾贝类发育成熟。因此，从这一节气开始，人们就可以品尝到平时不多见的海鲜了。

宁波市象山石浦渔港曾是中国民间的四大渔港之一，近年又建有国内最大的水产品交易市场和对台贸易加工区。1998年9月当地政府根据独特的民间习俗，创办了第一届开渔节。开渔节上不仅有庄严肃穆的祭海仪式，欢送蓄势待发的渔民出海捕鱼，还有各种文化、旅游和经贸活动，吸引无数游客、商客前往。之后，每年举办一次。主要活动有渔家灯会、千舟竞发开船仪式、"渔家乐"风情旅游、祭海仪式、贸易活动等。中国象山开渔节也被列为2001年"中国体育健康游"和2002年"中国民间艺术游"主题活动之一。2006年第8届开渔节，象山渔民发起了中国渔民蓝色保护志愿者行动。开渔节也被赋予了符合当前大趋势的海洋环保理念，象山渔民向全世界发出了"善待海洋就是善待人类自己"的倡议，在国际上引起了强烈反响。

2. 放河灯

农历七月十五为中元节，正值处暑前后，又称"七月节"或"盂兰盆会"。中元节是道教的说法，"中元"之名起于北魏。中元节、除夕、清明与重阳节是中国传统节日里祭祖的四大节日。人们在中元节时做灯放入水中，传说可为灵魂引路。放灯时用木板钻孔，上面用竹篾编织各式各样的灯笼，灯型多为莲花灯。而在象山等东南沿海一带，人们会在灯中放置银圆，渔船之间争相获取，获得者可以"一年大顺"。

3. 采菱

处暑前后，菱角结实，女子身着布衣钗裙，边歌边采。清风徐徐，兰舟微荡，可称人生之乐事。菱生在水泽之间，处处都有。菱的颜色，或青或红或紫，各不相同，其形状有两角、三角、四角，还有五角菱。菱大致可分为家菱和野菱两种。种在坡塘中的为家菱，叶子和果实都大；自然生长于湖中的是野菱，叶子和果实都小，角尖直，刺人。

菱性甘平，具有清暑解热，解毒滋补之功效，江河池沼等地带多有出产。梁武帝有诗道："江南稚女珠腕绳……桂棹容与歌采菱。"李白也有诗道："菱歌清唱不胜春。"足见六朝以来，采菱唱咏的风气很盛，文人墨客将其写入诗词歌赋，也十分普遍。

三、传统饮食

1.吃鸭子

处暑时节，浙江人有吃鸭子的习俗。浙江人习惯将鸭子分为老鸭儿、嫩鸭儿、呆大鸭儿，有谚语讲："处暑吃鸭，无病各家。"这是由于鸭肉富有营养，可清热生津。因此鸭子成为处暑节气滋补养生的美食之一。

2.吃黄鱼

开渔节后，大量新鲜肥美的海产品被捕捞上岸，此时是象山人民吃黄鱼的时节。黄鱼富含蛋白质、不饱和脂肪酸、胆固醇、维生素 B_2、维生素 E 等多种营养物质，对人体有很好的补益作用。健脾开胃宜吃黄鱼。处暑时节，秋燥尤为严重，而燥气很容易伤及肺部，同时，肺与其他各器官，尤其是胃、肾密切相关，因此，对体质虚弱的老年人来说，吃大黄鱼有很好的食疗作用。

3.喝酸梅汤

20世纪六七十年代，市区街头专门有卖酸梅汤的茶摊，故有"处暑酸梅汤，火气全退光"的谚语。制作酸梅汤很简单，在夜间用开水冲泡晒干的梅子，再加冰糖。煮好放凉后，装进木制有盖的冰桶中，使其温度降低。酸梅汤喝起来酸中带甜，甜中微咸，口感甚佳。乌梅中的有机酸含量非常丰富，能有效地抑制乳酸，降低人的疲劳感，除掉使血管老化的有害物质。所以处暑节气喝酸梅汤可以消暑提神、生津止渴，让肌肉和血管恢复活力。

四、处暑农事

处暑至，农事忙。处暑节气是丰收的季节，这时大部分地区昼夜温差变大，对农作物、瓜果的成熟和营养物质的积累非常有利，有农谚"处暑满地黄，家家修廪仓"为证。此时，江南地区的水稻已经成熟，趁着天气晴好，农民驾驶收割机在金灿灿的稻田里来回穿梭。处暑后，菱角成熟，清风徐徐，波光粼粼，翠绿的菱角，菱香阵阵。农民乘着简易的皮筏子在挨挤的叶片中穿梭，采摘成熟的菱角。

"秋施金，冬施银，春季施肥是烂铁。"处暑时节，果树以施有机肥为主，同样的肥料，不同时节施用效果大大不同。处暑后是果树根系的第三次生长高峰期，随着秋雨量增加，微生物繁殖加快，果树根系有了适宜的生长环境，此时施肥有事半功倍之效。在北方的果园里，红彤彤的苹果好似小小的红灯笼挂满枝头，在阳光的照耀下，果实的膨大需要很多的营养物质，这时为果树施肥，有利于果树根部苗壮，给果实膨大提供充足的养分。在南方，柑橘、杨梅树的管理都要以抗旱、抗台、促进果实生长和秋梢生长为重点，加强害虫的防治，及时追肥促梢，肥壮叶面，保障果实丰收。此外，花生正在发芽出苗，大雨过后一定要注意疏沟排水，以防田间积水造成花生烂芽、死芽，并及时做好查苗、补苗工作。另外要做好病虫害的防治工作：虫害主要是地下虫，斜纹夜蛾和蚜虫；病害主要是锈病和叶斑病。

五、拓展知识

1. "秋冻"要适度

处暑过后，天气转凉。"春捂秋冻"作为古代劳动人民流传下来的重要养生方法，需要我们灵活掌握。"秋冻"是指入秋以后，气温下降，不要马上就穿上厚厚的保暖衣服，而是要让身体适当"挨冻"，也就是民间所说的"七分寒"。这是由于处暑以后，天气虽然已经开始转凉，可是由于"秋老虎"的影响，气温不会一下子降得很低，有时还有可能忽然升高使人感觉酷热难受，因此，这个时节适当"秋冻"是最好的养生之道。"秋冻"的好处在于，可以提高我们身体的抗寒能力，从而增强身体在深秋及入冬后对寒冷的适应能力，降低呼吸系统疾病的发病概率。

2. 主动防秋乏

处暑期间，天气由热转凉，很多人会有懒洋洋的疲劳感，这就是秋乏。秋乏是一种自然现象，可以通过一定的方法加以预防。一是要保证充足的睡眠，尽量争取晚上 10 时前入睡，并要早起，可以适当午睡，化解困顿情绪；二是保持清淡的饮食，不吃或少吃辛辣烧烤类的食物，适当增加优质蛋白质的摄入，如鸡蛋、瘦肉、鱼、乳制品和豆制品等；三是要加强锻炼，保持充足的体能。

六、有关节气的诗词谚语

1. 诗词

处暑后风雨

宋·仇远

疾风驱急雨，残暑扫除空。

因识炎凉态，都来顷刻中。

纸窗嫌有隙，纨扇笑无功。

　　儿读秋声赋，令人忆醉翁。

赏析 这首诗开篇描写的是处暑节气过后，一场疾风骤雨将积蓄已久的炎热暑气扫除一空。忽冷忽热之感让人联想到世态炎凉，就如同这天气的变化一般，迅速而干脆。"纸窗嫌有隙"一句写出了诗人穷困潦倒的近况，"纨扇笑无功"一语双关，既说出了精致华美的扇子在处暑秋雨过后就失去了功用，也暗示自己踌躇满志，空有满腔报国热血，却难以实现报国之志。秋天的天气凄凉而肃杀，心灰意冷之下，自然而然就产生了一种悲伤的情绪。

秋日喜雨题周材老壁

宋·王之道

大旱弥千里，群心迫望霓。

檐声闻夜溜，山气见朝隮。

处暑余三日，高原满一犁。

我来何所喜，焦槁免无泥。

赏析 诗文通篇展露出一种喜悦之情。接连数日的大旱，让人们心中对于秋雨有了急切的期望。当秋雨真正来临的时候，滴落的雨声以及次日清晨的薄雾与彩虹，带给人难以想象的满足感。到处都是久旱逢甘霖之后，充满生机与活力的繁忙景象。农民们也都忙于耕作。看到农具上已经带有潮湿的泥土，诗人心中舒畅而快乐。

2. 农谚

处暑十八盆。

赏析 "处暑十八盆"是一句生动的节气谚语，所谓"盆"就是澡盆，"十八盆"的意思是处暑节气后还要再洗十八次澡。由于天气热、流汗多，每天都要洗澡，所以"十八盆"又表示处暑后还要再热十八天。在《清嘉录》中有记载："处暑后，天气犹暄，约再历十八日而始凉。谚云'处暑十八盆'，谓沐浴十八日也。"洗澡"十八盆"后，我国大部分地区气温会明显下降，降水减少，进入真正意义上的秋天。

处暑不下雨，干到白露底。

赏析 | 处暑的时候下雨，后期雨水才会多，稻谷类才会有好收成；如果没有下雨，很有可能引起干旱，并将持续到白露节气以后。这句谚语说明了处暑雨水对农作物的重要性。

第三节

白露：今宵寒较昨宵多
苍南采集十样白

 节气起源

  白露是二十四节气中的第 15 个节气，一般在每年的 9 月 7 日前后，是秋季的第 3 个节气。白露表示孟秋时节的结束和仲秋时节的开始，全国大部分地区秋高气爽，云淡风轻，天气转凉，清晨空气里的水分都凝结成了白色的露珠，因此称为"白露"。白露也分为三候：一候鸿雁来，二候玄鸟归，三

候群鸟养羞。这指的是在白露时节，鸿雁与燕子等候鸟准备南飞避寒，鸟类要储存干果等以备过冬。有俗语说："处暑十八盆，白露勿露身。"意思是处暑时节还可以用盆洗浴，但是到了白露时节就不能赤膊了。白露之后，太阳直射地面的位置向南移动，日照的强度和时间都不断减少，天气已经转凉。《诗经》上说的"兼葭苍苍，白露为霜"，为人们描绘出一幅恬静而辽阔的秋季景象。各处都秋高气爽，山明水秀，是秋游的大好时节。而经过一年的辛勤劳作，大地上一派丰收的景象：火红的高粱，雪白的棉花，黄澄澄的玉米，将田间点缀得如锦似画。在迎来收获的同时，冬小麦的播种也即将开始。

一般来说，到了白露节气，我国北方地区降水明显减少，秋高气爽，比较干燥，有"过了白露，长衣长裤"之说，正如谚语所说："白露身不露。"在长江中下游地区，如遇冷暖势力势均力敌，进退维艰，会出现连续阴雨天气。华南秋雨多出现于白露至霜降前，同时，白露期间日照较处暑骤减一半左右，递减趋势一直持续到冬季。对于浙江地区来说，此时是"夏末秋初"，炎热并未完全退却，凉意开始丝丝渗透，同时还可能会有热带天气系统（台风）造成的大暴雨。

白露时节是全年昼夜温差最大的时段，主要是与云有关。由于此时副热带高压退居至西太平洋，加上大陆高压阻挡，南方的水汽很难向北输送，天空中由水汽凝结成的云也进而减少。云量的减少会产生两方面的影响：一是云层的减少致使大气的保温作用减弱，夜间降温明显，因而有"白露秋分夜，一夜凉一夜"之说；二是白天太阳辐射受大气的削弱作用减弱，虽然太阳直射地面的位置南移，光照时间比夏天短了，但白天在太阳光照增温的作用下，还是会让人有处于夏日的感觉。

二、民俗活动

1. 采集"十样白"

浙江温州等地有过白露节气的各种习俗。在苍南、平阳等地，人们在这一天会采集"十样白"（也有"三样白"的说法），即名字中含有"白"字的草药，包括白芍、白及、白术、白扁豆、白莲子、白茅根、白山药、百合、白茯苓和白晒参。这些草药正好与"白露"在字面上相对应，用其来煨乌骨白毛鸡（或鸭子），据说可滋补身体。

白露时，昼夜温差很大，虽然传统民谚里有"春捂秋冻"的说法，但如果"冻"得不得法，没有按照气温变化的实际情况来增减衣被，就会适得其反，导致寒气入肺。再加上秋天本来就干燥，肺部缺少滋润，感冒、哮喘、支气管炎等呼吸道疾病，就成了常客。

选择在白露采集"十样白"，以及形成民间约定俗成的饮食习俗，是出于对实践经验的总结。仔细分析"十样白"的成分就会发现，这些草药不但采摘晾晒的时节都在白露前后，而且都是为了应对白露时的天气变化、预防疾病而做出的选择：白芍可以养血敛阴；白及具有补肺的疗效；白术补气健脾；白扁豆化湿解暑；白莲子清热润燥；白茅根平喘止咳；白山药生津益肺；百合养阴润肺；白茯苓益脾胃、安心神；白晒参同样也是滋补脾肺治疗气虚的药材。

这"十样白"滋润效果明显。白色食物多性平味甘，略偏寒凉，正好滋阴润燥。从中医上来讲，白色入肺，五脏中的肺对应五色中的"白"，在季节上正好对应秋季。所以，人们在此时可食用白色食物来预防秋燥，加上有利于肺、脾的药材，搭配滋养秋燥最合适的鸡、鸭，煨煮出的药膳汤，非常适合调理身心。

2.品白露茶

提到白露节气，爱喝茶的人便会想到喝白露茶。白露时节，茶树经过夏天的酷热考验，此时正值生长的好时期。白露茶既不像清茶那样鲜嫩、不经泡，也不像夏茶那样干涩味苦，而是有一种独特甘醇的清香味。它不凉不燥，温和而清香，还具有提神醒脑、清心润肺、温肠暖胃之功效。此外，白露时节的露水是一年中最好的，民间认为，白露时节的露水有延年益寿的功效，因此都会在白露那天盛接露水，用来制作白露茶。煎后服用，味道独特，深得喜茶人士的青睐。

浙江地区的人有喝"白露茶"的习惯。"白露茶"又名"小秋茶"。采摘于白露时节的茶叶，因为口味浓醇，是老茶客们的心头好，正所谓"春茶苦，夏茶涩，要好喝，秋白露"。

三、传统饮食

1. 吃龙眼

在白露节气，浙江人有吃龙眼的习俗。龙眼俗称"桂圆"，是我国南部地区的名贵特产，古时有"南桂圆北人参"的说法。人们认为白露当天吃龙眼对身体有大补的奇效。龙眼的果实营养丰富，有益气补脾、养血安神、润肤美容等多重功效，还有助于治疗贫血、失眠、神经衰弱等多种疾病，自古就被视为珍贵佳品。白露节气之前的龙眼个头大，味道也好，所以白露吃龙眼是再好不过的了。

2. 吃番薯

浙江文成人在白露节气这天有吃番薯的习俗，当地人认为在白露节气吃了番薯，全年吃番薯饭后都不会出现胃酸的症状。同时，番薯中含有大量的纤维、无机盐、碳水化合物、维生素，可代粮充饥。民间也有食用番薯茎和叶的习惯。

四、白露农事

进入白露节气后，植物开始有露水出现，夏季风将逐渐被冬季风替代，冷空气活跃。冷空气分批南下，会带来明显的降温，"白露秋风夜，一夜凉一夜"的谚语就是形容此节气气温下降速度明显的情形。进入白露节气后，夜晚会开始出现露水。

白露是收获的季节，也是播种的时节。秋收作物开始成熟，谷子、高粱、大豆、棉花开始分批采收，部分地区冬小麦开始播种。白露时节冷空气日趋活跃，常常出现低温天气，因此要预防病虫害和低温冷害。对于蔬菜来说，白露后的天气有利于蔬菜生产，因此要培育好菜苗。茄果类蔬菜育苗最好在地膜覆盖的大棚内进行，绿叶蔬菜种子的种皮较厚，要对种子进行处理并浸种催芽。另外，还要做好蔬菜病虫害防治工作，如茄果类主要防治"猝倒病"。果树此时要做好采摘、修剪、施肥等管理工作，同时做好病虫害防治工作。不同的果树要根据实际情况区别对待。

对于水产养殖业来说，白露前后的水温、气温仍然较高，这既是鱼的生长旺季，也是各种鱼病的高发季节，要提前做好鱼类病害的防控工作，还要做好防台风、防洪涝的准备，特别是暴雨过后，要注意池塘水的各种理化因子的变化情况，并及时做好调控。

白露节气，浙江省台州市仙居县田间农业生产进入秋管和秋收的繁忙季节，随处可见农民忙碌的景象。此时，杭州临安满山遍野的山核桃已经成熟，绍兴诸暨的香榧也进入了成熟期，杭州余杭径山红心猕猴桃也开始成熟，进入最佳采摘期。

五、拓展知识

1. 酿制白露米酒

白露时节，人们用露水酿制白露酒。用白露节气当天取自荷花上的露水酿成的米酒被称为"秋白露"，品质最好。在江浙一带，现在还流传着饮用白露米酒的习俗。白露时节，人们酿制米酒来招待客人，这种白露米酒，以糯米、高粱、玉米等五谷杂粮为主，并用天然微生物、纯酒曲发酵，味道醇厚，温热香甜，含有丰富的维生素、氨基酸、葡萄糖等营养成分。白露时节，适量饮用白露酒，可以生津止渴。此外，白露酒还具有疏通经络、补气生血的功效。

除了取用露水酿酒以外，还有用江水酿制的酒。白露米酒中的精品称为"程酒"，这是因取用了程江水酿制而得名。白露米酒的酿制除取水以及选定节气颇有讲究外，酿造方法也相当独特。首先是酿制白酒（俗称"土烧"）与糯米糟酒，然后再按1∶3的比例，将白酒倒入糟酒里，装坛待喝。酿制程酒，还需掺入适量糁子水（糁子加水熬制），然后入坛密封，埋入地下或者窖藏，待数年乃至数十年后才取出饮用。埋藏几十年后的程酒呈褐红色，比较容易入口，酒香扑鼻，且后劲极强。

在《兴宁县志》中有这样的记载："色碧味醇，愈久愈香……酿可千日，至家而醉。"美味清爽的白露米酒也常常被带到大城市中，让更多的人感受到独具风味的民俗文化。郑板桥曾赋诗，描述民间制作畅饮白露酒的景象："家酿亦已熟，呼僮倾盎盆。小妇便为客，红袖为金樽。"

2. 白露养生

到了白露这一天，意味着秋天呼之欲出。我国大部分地方气温都开始下降，昼夜温差甚至会超过10℃。"夜冷白天热"，说的就是这个时候的天气。白露节气始，天气逐渐转冷。"白露秋风夜，一夜凉一夜"的谚语就是用来形容气温下降速度加快的情形。白露以后，人们晚上睡觉时一定要盖好被子，适当关窗，注意避寒。

白露时节，还要预防秋燥，我们在饮食上应该多吃一些温热的食物，少吃寒凉食材，这样可以帮助养润胃气。饮食宜减苦增辛，助筋补血，以养心肝脾胃。辛润食物如梨、百合、甘蔗、芋头、沙葛、萝卜、银耳、蜜枣等。不过，要特别注意，白露不宜进食太饱，以免肠胃积滞，患胃肠疾病。白露节气已是真正凉爽季节的开始，很多人在调养身体时一味地强调贴秋膘，注重肉类等营养品的进补，其实也不可取。每个人都要根据自己的身体情况随时调节饮食结构，可以尝试鸭肉、泥鳅、西洋参、鱼、瘦肉、豆制品等，这些食物既可清燥热又有补肝胃的功效，同时也适合老人跟儿童食用。

秋天易发过敏性鼻炎、气管炎和哮喘等，所以在进补的同时要因人而异。特别是那些因体质过敏而引发上述疾病的人群，在饮食调节上要更加慎重。

3. 民间禁忌

在白露节气人们不希望刮风下雨，认为白露日见风雨会影响农业收成，所以有谚语"处暑雨甜，白露雨苦"的说法。"雨苦"的直接后果是蔬菜会变苦，收割的稻子因此生虫而被蛀空。白露日刮风容易造成棉花减产，有谚语说："白露日东北风，十个铃子（棉桃）九个脓；白露日西北风，十个铃子九个空。"

六、有关节气的诗词谚语

1. 诗词

月夜忆舍弟

唐·杜甫

戍鼓断人行，秋边一雁声。

露从今夜白，月是故乡明。

有弟皆分散，无家问死生。

寄书长不达，况乃未休兵。

> **赏析** 这是一首怀念胞弟的诗歌，描绘了一幅秋天的边塞图景。路断行人，戍鼓雁声，耳目所及皆为凄凉景象。"露从今夜白，月是故乡明"则成为千古名句，点明了诗人作诗时正值白露节气。

南湖晚秋

唐·白居易

八月白露降，湖中水芳老。

旦夕秋风多，衰荷半倾倒。

手攀青枫树，足踏黄芦草。

惨淡老容颜，冷落秋怀抱。

有兄在淮楚，有弟在蜀道。

万里何时来，烟波白浩浩。

> **赏析** 这首诗描绘出了一幅凄凉的晚秋图：白露到来，此时秋风萧瑟，荷花凋残，枫叶染红，芦草枯黄，到处一片萧瑟景象。在一片萧瑟之中，诗人触景伤情，怀念身居异地的亲人，不禁发出"万里何时来"的感叹。

2. 农谚

白露勿露身，早晚要叮咛。

| 赏析 | 白露节气后，天气逐渐转凉，穿衣服时不要随便，要注意做好保暖，保护好重要的关节，尤其一早一晚更要多穿些衣服。如果这时候再赤膊露体，穿着短裤，就容易受凉。寒从脚下起，对于北方人来说，白露一过，更要注意足部保暖，以防寒邪侵袭。

蚕豆不要粪，只要白露种。

| 赏析 | 蚕豆这一农作物需在白露节气时播种，即使不施肥，也会生长得很好，这也说明合理适时的播种会直接影响作物的产量。

白露打核桃，霜降摘柿子。

| 赏析 | 白露时节正是核桃成熟可以采摘的时候，霜降节气时可以采摘柿子，这说明古时的人们已经完全掌握了果实成熟的具体时间段。

第四节

秋分：应知今夕是何夕
建德中秋拖缸爿

一、节气起源

秋分是二十四节气中的第 16 个节气，一般在每年的 9 月 22 日或 23 日。秋分是秋季的第 4 个节气，古籍《春秋繁露义证·阴阳出入上下》曰："秋分者，阴阳相半也，故昼夜均而寒暑平。"由此可见秋分在二十四节气中占有比较特殊的位置。其有两个方面的意思：一是太阳直射地球赤道位置，因此这一天昼夜等长，各占 12 个小时。二是根据我国古代以立春、立夏、立秋、立冬为四季开始的季节划分方法，秋分这天刚好在秋季 90 天的中间位置，又平分了秋季。秋分之"分"便由此而来。古代将秋分分为三候：一候雷始收声，二候蛰虫坏户，三候水始涸。古人认为雷是因阳气盛而发声，秋分后阴气逐渐旺盛，所以不再打雷。秋分时节，我国长江流域及其以北的广大地区，均先后进入了秋季，日平均气温都降到 22℃以下。秋分之后，太阳直射的位置将继续向南移动，北半球出现的昼短夜长现象变得显著起来，昼夜温差也逐渐变大，气温逐日下降，逐渐步入深秋时节。正所谓"一场秋雨一场寒"，秋分意味着真正进入秋季，北半球天气转凉，大雁、燕子等候鸟开始成群结队地从逐渐寒冷的北方飞往南方。

二、民俗活动

1. 拖缸爿

拖缸爿是严州（今建德）古城特有的风俗。在中秋之日，用稻草扎成一个草圈，底部垫上一块破缸爿，一个小孩坐在上面，几个孩子在前面用草绳拉，更多的孩子则跟着跑，跟着嬉闹。缸爿在石板或石子路上滑动时，发出十分清脆的声音，在夜空中飘荡，加上孩子们的嬉闹声，给一年一度的中秋佳节增添了喜庆欢快的气氛。

2. 送秋牛

秋分，民间有送秋牛的习俗。所谓的秋牛，其实是一张印有全国农历节气和耕牛图案的红纸，人们称之为"秋牛图"。在秋分这天，能言善道的人会挨家挨户去送秋牛图，每到一家就见机行事，说一些应景的吉祥话，以此来讨取主人们的赏钱。这种活动也叫说秋，是人们庆祝和祈求丰收的习俗之一。

3. 候南极

南极星又叫"老人星"或"南极仙翁"，由于我国位于北半球，所以只有在秋分以后才能看到它，并且一闪即逝，春分以后更是完全看不到。因此，人们将它视为祥瑞的象征。在秋分日的清晨，皇帝要率领百官到城外南郊迎接南极星，称之为"候南极"。《史记·天官书》中有记载："南极老人见则主安……常以秋分候之南郊。"

三、传统饮食

古人认为昼为阳，夜为阴，秋分正是昼夜平分之时，天人相应，因此，此时节养生要注意平衡阴阳，根据个人的体质和食物的寒凉属性来搭配进补。

秋分节气，要遵循"虚则补之，实则泻之"及"寒则热之，热则寒之"的养生原则：阴气不足而阳气有余的老年人切忌食用大热滋补的食物；痰湿体质的人以平补为好，多食蔬菜，少食油腻之物；胃寒的人要忌食生冷之物；易上火者可多吃百合、南瓜、竹笋、山药、绿叶蔬菜等食物，少吃动物内脏、猪肉、羊肉及辛辣之物。

进入秋季后，天气干燥，身体很容易出现"秋燥"现象，咽、鼻、口、唇干，咳嗽少痰，此为凉燥。同时很多人还有懒洋洋的疲劳感，称秋乏。饮食上应多吃一些清凉温润的食物。秋分应以温、淡、鲜为佳，宜吃生津润肺、养阴清燥的食物，如藕、银耳、芝麻、菠菜、豆浆、蜂蜜、甘蔗、梨等有滋阴润燥功效的食物。为了促进肝脏健康，可多吃味酸甘润的蔬果，如阳桃、柚子、柠檬、葡萄、山楂、石榴等。调养脾胃，宜多吃易于消化的食物。

随着秋分的到来，时鲜蔬果的"竞技场"也变得热闹起来。宁波不算菱角主产区，却也拥有特有的菱角品种，也就是俗称的"水老菱"。它的个头只有指甲盖大小，生吃口感有点像生番薯，也可扔到锅里烤，很鲜甜。"水老菱"通常是野生的，极少有人专门种，也很少有人专门卖。要想吃到，只能是"可遇不可求"。另一方面，菱角的效用"实力过硬"，含有丰富的淀粉、蛋白质、葡萄糖、脂肪及多种维生素和胡萝卜素及钙、磷、铁等元素。在古人看来，多吃菱角可以补五脏，除百病，且可轻身。《本草纲目》中也称菱角能补脾胃，强股膝，健力益气。

除了菱角，另一种带着"土气"的时令蔬菜——茭白也在此时上市了。在历史上，它还有个十分风雅的名字，叫作"菰"，它的种子也被叫作"菰米"或"雕胡"。《西京杂记》说："菰之有米者，长安人谓之雕胡。"在历史上，尤其是唐代及以前，茭白是被当作粮食来栽培的，一度被列为"六谷"（稻、黍、稷、粱、麦、菰）之一。在唐代，"雕胡"饭因其香味扑鼻且又软又糯，被视为贵客才能享用的食物。在不少流传至今的诗句中，也能见到茭白的身影。比如杜甫的"滑忆雕胡饭，香闻锦带羹"；王维的"郧国稻苗秀，楚人菰米肥"；李白的"跪进雕胡饭，月光照素盘"；等等。对于茭白的营养价值，过去的人们亦有认知，因其肉质肥嫩，蛋白质含量高，而被誉为"水中人参"，甚至和莼菜、鲈鱼并称"江南三大名菜"。

四、秋分农事

秋分至，残暑终，秋分也意味着秋季正式来临。从秋分这一天起，昼夜温差逐渐加大，变化幅度将高于10℃以上；气温逐日下降，一天比一天冷，农谚说"白露秋分夜，一夜冷一夜""一场秋雨一场寒，十场秋雨好穿棉"。

秋分后，北方冷空气的频繁南下致使我国南方温度明显降低。在晴朗无风的夜间或清晨，辐射散热增多，地面和植株表面温度迅速下降，当植株体温降至0℃以下时，植株体内细胞会脱水结冰，遭受霜冻危害。因为初霜冻总是在悄无声息中就使作物受害，所以霜冻有农作物"秋季杀手"的称号。

秋分时节是秋收、秋耕和秋种的"三秋"大忙时机，但在这一时期，有3个有不利于农事的天气因素，那就是干旱、少雨和连绵阴雨。另外，秋分是秋熟作物灌浆和产量形成的关键时期，因此对于秋分农事活动要求十分严格，在秋分时节要注意加强水稻后期水分管理，新棉要分期采摘，家畜要抓好秋季配种，中稻要加强后期水浆管理，制订秋播规划。茼蒿、菠菜、大蒜、秋马铃薯、洋葱、青菜、蒲芹、黄芽菜等要进行播种定植。在田蔬菜要加强田间管理，以延长采收供应期。这一时期可采收菱角、莲藕和茭白。家畜也开始了秋季配种工作。

浙江温州各县（市、区）的农户们抢抓晴好天气，收割稻谷、采摘瓜果，一幅丰收农悦的美丽乡村画卷在田间地头徐徐铺开。龙湾区永兴街道的农民抢抓晴好天气进行收割，确保秋粮颗粒归仓。乐清市大荆镇的农户忙着把蒲瓜梨打包装箱，运到镇上售卖。此外，金秋时节，猕猴桃进入采摘旺季，桐庐凤川街道竹桐坞家庭农场的猕猴桃树上挂满了一颗颗饱满的果实，工人们要及时进行采摘。

五、拓展知识

1. 吃月饼

中秋节常落在秋分前后。

月饼是中秋节日里每家必吃的食品，也是节日馈赠中不可或缺的礼品。在浙江台州，过中秋有一个特别的习俗——回丈母娘家。一般选在中秋前，出嫁的女儿偕同丈夫和子女，带着月饼、猪蹄等回到娘家，娘家按例要做一桌好饭菜招待女儿女婿。因此，中秋节在台州也可视为"女儿节"。在温州，中秋家宴一般都是中午吃，因为晚上还要吃月饼、赏月。

月饼，因其形圆似月，故而得名。旧时的月饼个头都较大，一个饼足以全家分吃。中国人对月饼的喜好，与粽子一样，大致呈现"南咸北甜"的局势。其中，江浙地区尤好咸口月饼，如包有火腿、鲜肉、蛋黄等馅料的月饼。圆圆的月饼象征着天上的满月，寓意着人间的团圆，月饼表面印有月宫蟾兔、嫦娥奔月以及福禄寿喜等吉祥图案，寄托着人们追求人生团圆美满的美好心愿。

相传月饼起源于唐初。唐高祖李渊与群臣欢度中秋节时，手持吐蕃商人所献的装饰华美的圆饼，指着天上明亮的圆月，笑着说道："应将胡饼邀蟾蜍。"然后把圆饼分给群臣，同庆欢乐。

2. 民间禁忌

秋分时节忌刮东风，谚语"秋分东风来年旱"，意思是说秋分时节若刮东风，第二年容易出现干旱，从而影响农业生产。江淮地区则有"秋分天晴必久旱"之语。

1. 诗词

秋分日忆子用济

清·柴静仪

遇节思吾子，吟诗对夕曛，

燕将明日去，秋向此时分，

逆旅空谈铗，生涯只卖文，

归帆宜早挂，莫待雪纷纷。

赏析 本诗主要描写诗人在秋分时节想起了远方的儿子，思念之情无处寄托，只得在夕阳下吟咏诗词。诗人回忆自己穷困潦倒、壮志难酬的一生，感慨万千，胸中愤懑之情溢于言表，既然已经清楚前途非常渺茫，还不如早日回家团圆。全诗语言质朴，意境悠远，感情真挚。

道中秋分

清·黄景仁

万态深秋去不穷，客程常背伯劳东。

残星水冷鱼龙夜，独雁天高闾阖风。

瘦马羸童行得得，高原古木听空空。

欲知道路看人意，五度清霜压断蓬。

赏析 这是一首行旅诗，作者长期羁旅在外，时逢秋分有感而作。诗人通过描写秋分时节的途中所见，表达了一种难以言说的伤感，展现了内心的孤独和凄凉。全诗以秋分时节的萧条景象，反映了诗人独行异乡的惆怅之情。

2. 农谚

秋分有雨来年丰。

| 赏析 | 秋分的雨水对农作物的生长至关重要，这一节气的降雨直接关系到农作物的产量，也预示着能否取得粮食丰收。

秋分不割，霜打风磨。

| 赏析 | 秋分是太阳直射从北往南移到赤道上的时候，之后北半球天气就转凉了，白昼时间也越来越短。在二十四节气中，白露秋分之后是寒露霜降，所以趁着秋分时节要赶紧收庄稼。

第五节

寒露：素衣莫起风尘叹
绍兴水乡秋钓边

一、节气起源

　　寒露是二十四节气中的第 17 个节气。每年 10 月 8 日或 9 日，太阳运行位置到达黄经 195 度时即进入寒露节气。寒露是秋季的第 5 个节气。"寒"就是寒冷，"露"就是露水，古代通常用"露"来表达天气转凉变冷之意。所谓寒露，意思是说天气变冷，地面上的露水快要凝结成霜了，故有"寒露寒露，遍地冷露"的俗语。寒露的三候为：一候鸿雁来宾，二候雀入大水为蛤，三候菊有黄华。南迁的雁群结伴南飞；鸟雀们好像销声匿迹了，人们见到海边出现很多蛤蜊，而且贝壳上的纹路与雀鸟羽毛相似，就认为这是雀鸟变成的；此时鲜艳的菊花却在绽放。这也是二十四节气中第一个带"寒"字的节气，意味着全国大部分地区天气将由凉爽向寒冷过渡。浙江地区在此时节仍旧风和日丽，金桂飘香，减少的雨水让天气格外晴朗宜人，但对晚稻来说，最怕遇到"寒露风"。也有的地方称之为"社风""不沉头"，这样低温的寒露风会导致瘪粒，使粮食严重减产。"袅袅凉风动，凄凄寒露寒。"寒露节气让我们隐约感受到冬天的临近。

二、民俗活动

1. 秋钓边

在我国南方，寒露节气的开始，意味着告别了炎热，正是出游、赏花、钓鱼的好时节。由于气温下降比较快，河流的深水处太阳已晒不透，鱼儿会选择游向水温较高的浅水区，所以就有"秋钓边"之说。绍兴作为全国有名的水乡城市，河道星罗棋布，由于大部分河道是互通的，水中的鱼虾就比较丰富。寒露时节，河边有不少钓鱼爱好者落钩垂钓，还有一些捕鱼虾的能手自己设计网兜，用两根竹竿将渔网连接起来，制作一个简易高效的捕鱼设备。这时能捕到的水产也比较丰富，鱼虾、螃蟹、螺蛳等都可以捉到。

民间俗话说"西风响，蟹脚痒"，随着天冷下来，螃蟹的味道就要"正"起来了。寒露时节，雌蟹卵满、黄膏丰腴，正是吃母蟹的最佳季节，等农历十月过后，最好吃的则是公蟹了。在黄酒之乡绍兴，品尝肥美的河蟹时再配上一杯绍兴黄酒，绝对称得上是寒露节气里的一种享受。

2. 正秋茶

浙江是茶叶大省，每年都要采秋茶。俗话说："寒露过后采秋茶。"每年寒露的前三天和后四天所采之茶，被称作"正秋茶"。秋季采的茶中以正秋茶为最佳。正秋茶自带一种独特甘醇的清香味，深受老茶客们的喜爱。

3. 插茱萸与簪菊花

重阳节常落在寒露前后。

重阳节插茱萸的习俗，从唐代就开始盛行。古人认为在重阳节这天插茱萸能够避难消灾，于是佩戴于臂，或将其做成香袋，或插在头上。多数是妇女、儿童佩戴，有些地方也有男子佩戴。重阳节佩茱萸，在晋代葛洪《西京杂记》中就有记述。除了佩戴茱萸外，还有人头戴菊花。宋代，还有将彩缯剪成茱萸、菊花来互相赠送或佩戴的。

三、传统饮食

1. 多吃柔润食物

寒露时节，天气明显转凉，气温下降极快，降雨减少，天气变得干燥，寒露"防燥"至关重要，而喝白开水是一个不错的方法。寒露时节应不吃或少吃辛辣烧烤食品，宜多吃芝麻、糯米、粳米、蜂蜜、乳制品等柔润食物，以及润肺润燥的新鲜瓜果蔬菜、豆类及豆制品。

2. 吃柿子

"立秋核桃白露梨，寒露柿子红了皮。"这句谚语表明在寒露时节，浙江地区的柿子恰好成熟。与一般水果相比，柿子所含的维生素及糖分都要高出一到两倍，吃起来味道甜美，食用方便，有利于补虚，止咳，利肠，除热，是男女老幼都喜欢的水果。

3. 吃猪蹄、食秋桃

老百姓一直信奉"民以食为天"，所以每个节气的饮食都会尽量丰富，不同地区当然也不尽相同。湖州人在寒露这一天会吃一些进补的食物，比如猪蹄。它含有丰富的胶原蛋白，好吃又营养。现在也有人喜欢吃莲藕排骨，好吃又不油腻，也有吃水果、喝烧酒的，认为这样吃能免除疾病。杭州的老习俗是这天无论老幼都要吃秋桃，一人一个，吃了桃肉留下桃核，再到除夕那天扔进炉子烧干净，人们认为这样来年就会无病无灾。

4. 吃醉蟹

在寒露时节，温州人除了喜欢吃鲜活的肥蟹之外，还喜欢对其进行加工，追求别的风味。他们用米酒或者盐水腌湖蟹或江蟹，还有人把鲜蟹腌制后再将里面膏汁挑出来单独存放，以供家人和亲朋食用。一些地方的小溪、山坑里也有很多小蟹，人们翻开水里或水边的石块就可以捕捉到。松阳人把小蟹抓来之后用食盐、辣椒、酒糟腌制，到来年春季食用，是一道极为可口的下酒佳肴。

四、寒露农事

寒露既是季节上的分水岭，也是农事上的一个关键节点，这时浙江正是秋收、秋种、秋管的"三秋"时节。

寒露时节对秋收十分有利，农谚有"黄烟花生也该收，起捕成鱼采藕芡。大豆收割寒露天，石榴山楂摘下来"之说。浙江的单季晚稻行将成熟，可以收割了；双季晚稻则正处于灌浆的关键时期，需要按时灌水以保持田间湿润。

这一时期可能会有寒露风。寒露风是寒露时节出现的一种低温、干燥、风劲较强的冷空气，会阻碍水稻正常灌浆，导致空粒、黑粒增多，降低结实率，或使稻株生长发育不良，这些都将导致晚稻产量下降。所以农谚有云："遭了寒露风，收成一场空。"这时也是挖番薯、毛芋等农作物的季节。这些农作物到九月份不再长大，特别是番薯要在寒露后、霜降前挖掘，否则经霜之后会很难煮熟。甘蔗也一样，一旦经过霜冻，很容易冻伤，难以储藏。

在传统农业时期，寒露也是油菜、冬小麦种植的最佳时节。农谚有云："秋分早，霜降迟，寒露点麦正当时。"浙江茶园多，一些地方的老百姓要抓住最后时机，采摘"秋露白"中的"寒露茶"了。作为养蚕大省，浙江各地的蚕农开始采收秋茧到车间里加工，也是一派繁忙景象。

秋收不仅仅是农作物的秋收，寒露过后，可以上树采摘柿子等果实了。对蔬菜要注意病虫害防治，尤其是叶菜类蔬菜，一定要提高警惕，不要认为温度降低病虫害就会消失，其实还是会发生的。

五、拓展知识

1. 寒露脚不露

民间常说"白露身不露，寒露脚不露"。过了寒露，天气是真的冷了，入夜后更是寒气袭人。两脚离心脏最远，血液供应较少，又因为脚部的脂肪层较薄，就特别容易受到寒冷的刺激，这时应穿着舒适的鞋袜保护脚部，防止寒气入侵导致人抵抗力下降。

另外，在这个时节，自然界的阴气渐生而未盛，阳气渐减而未变，人体肌理处于紧致与疏松交替之时。这个时候，适当地接受一些冷空气，适当地"冻冻"，即所谓的"秋冻"，能够促进血液循环，锻炼人的生理能力，提高人体的肌肉关节活动能力，同时也顺应了秋天阳气内收、阴精内蓄的养生原则。但小孩、老年人或慢性病患者不适合"秋冻"，更不可勉强受冻，要随着天气的变化适时地增减衣物。同时，要注意腹部保暖，以防发生腹泻。

2. 磨芝麻粉

对于老嘉兴人来说，寒露这一天他们有磨芝麻粉的习俗。根据中医理论，芝麻能养阴防燥、润肺益胃，老一辈人都知道"寒露吃芝麻，到老没白发"这句俗语。古时的嘉兴，到了这个节气，父母还要把已经出嫁的女儿迎回来吃花糕，以此祝愿女儿家百事俱高。

3. 酿菊花酒

酿酒是老百姓的传统手艺。秋收后，温州人就会酿制各种美酒了，寒露时酿制的是菊花酒。这时菊花初开，枝叶青翠，把一些花叶掺和在粮食中一起酿酒，一直到第二年这个时间才开坛饮用。

六、民间禁忌

1. 忌刮风

民间有寒露忌刮风的说法。人们认为寒露刮风，地里的庄稼会遭殃。有谚语说："稻怕寒露风，人怕老来穷。"指出了寒露刮风的危害。而有的地方在寒露则忌霜冻。"寒露有霜，晚谷受伤。"霜会给晚秋收割的稻谷带来冻伤。

2. 忌喝凉茶

寒露时节天气干燥，人们可能会出现口干舌燥、牙龈肿痛的现象。因此有

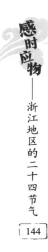
人就想到喝凉茶祛火。其实这个时候上火往往是因为气阴两虚或者气不化阴，喝凉茶很可能会加重秋燥，得不偿失。

六、有关节气的诗词谚语

1. 诗词

送十五舅

唐·王昌龄

深林秋水近日空，归棹演漾清阴中。

夕浦离筋意何已，草根寒露悲鸣虫。

| 赏析 | 这是一首送别诗，直言离别之愁绪无穷无尽。诗人写寒露下落，草根间传来昆虫凄凉的悲鸣，寓离情于哀景，情景交融。诗人在秋高气爽之时送别十五舅，借景抒情，表达了对亲人的依依惜别之情。

2. 农谚

稻怕寒露风，人怕老来穷。

| 赏析 | 寒露时节也正值晚稻抽穗灌浆期。在这个时候，如果刮大风，晚稻减产就成定局了。农谚把老人晚年时光和稻子的寒露时节相类比，意思简单明了，通俗易懂，对人有很深的教育意义。

寒露若逢天下雨，正月二月雨水多。

| 赏析 | 寒露节气如果下雨，则来年的正月和二月的降雨量也会比较大。这也是人们对节气降雨数据的总结和经验积累。

第六节

霜降：霜降持螯天地肃
金华兴斗牛之戏

一、节气起源

　　霜降是二十四节气中的第 18 个节气，也是秋季的最后一个节气。每年的 10 月 23 日至 24 日，太阳运行位置达到黄经 210 度，即进入霜降节气。晚上地面散热很多，温度骤然下降到 0℃以下，空气中的水蒸气在地面或植物上直接凝结形成细微的冰针，有的形状为六角形的霜花，色白且结构疏松。我国古代将霜降分为三候：一候豺乃祭兽，二候草木黄落，三候蛰虫咸俯。霜降时节，豺狼将捕获的猎物先存好再食用，树叶枯黄掉落，蛰虫也在洞中不动不食，进入冬眠状态。古人以为霜是从天上降下来的，所以就把初霜时的节气取名"霜降"，其实霜和露水一样，都是由空气中的水汽凝结而成的。特别是夜里无云时，地面散热更快，更容易结成霜，故民间有"霜重见晴天，瑞雪兆丰年"的说法。

霜降这一节气在千百年中华文明的浸润下，留下了色彩鲜明的文化印痕。《礼》云："霜露既降。"有古人评注："感时念来也。"这便成为后世文人对霜降的普遍感知，并由此联想起万里之外的故乡与亲人，勾连起游子与故乡亲人的情感联结。

二、民俗活动

1. 斗牛

斗牛之戏，在浙东的义乌、金华等地都很盛行。金华素有"二绝"之说，一是火腿，二是斗牛。金华斗牛始于宋明道年间（1032—1033年），相传有永康人胡则，为衢婺二州百姓奏免了身丁钱，民怀其德，立庙祀事，并定期举行斗牛，以娱胡公。斗牛积习相沿，经久不衰，并与庙会结合。不同于西班牙的人与牛斗，金华斗牛是牛与牛相斗，被誉为"东方文明斗牛"，是带有东方特点的民间娱乐活动。其场面之惊险、壮观，令人赞叹。1992年国内摄制的影片《东方一绝——金华斗牛》就取材自当地的斗牛场景。

金华斗牛土话叫"牛相操"，一般多在秋收后、冬耕前的农闲时进行。每年首次角斗称"开角"，末次角斗称"封角"，从开角至封角为"一案"。到外村去参加角斗，叫"接角"。斗牛场设在周围有小山的水田之中，以便群众观看。斗牛的选养也十分讲究，要选养颈短峰高、后身短小、生性凶悍的黄牯牛。平时教以斗法，经常训练，使之善斗。从 1992 年 10 月 4 日以来，"金华斗牛"会在每年重阳节这一天隆重开幕，斗牛大奖赛会激烈上演。每逢赛会，参赛者都会事先约定，每次大约十多对展开角逐。斗牛场地通常会选择一块水田，田中积水深度大约五六寸。因为水田土软，可以保护牛脚。斗牛时，按照已经排好的次序捉对相斗，在两头牛略分胜负的时候，就由一个胆力过人的人把它们分开，以免造成更大的损伤。

2. 登高

霜降时节，很多地方都有登高的习俗，金华也不例外。这时的山林空气新鲜，浮尘和污染物较少，登到高处远眺，既可清肺，也能愉悦身心。登高有时候也和赏菊联系在一起。古有"霜打菊花开"之说。登高赏菊也是古代文人雅士霜降时节必做的雅事之一。

登高的时间要避开气温较低的早晨和傍晚。登高时，要沉着，保持比较适中的速度，以防腰腿扭伤。下山不能走得太快，更不能越级疾走，以免膝关节受伤或出现肌肉拉伤。登高过程中，应通过适度增减衣服来适应温度的变化。休息时，注意不要坐在潮湿的地上和风口处。出汗时可稍松衣扣，不要脱衣摘帽，以防伤风受寒。对于老年人来说，应带根手杖，这样既省体力，又安全。在爬山时要集中注意力，并注意脚下石头是否活动，以免踏空摔倒。

三、传统饮食

1. 吃柿子

霜降时节，老金华人的习俗是吃红柿子，这个习俗由来已久。俗话说：

"霜降吃柿子，不会流鼻涕。"柿子营养丰富，被誉为"果中圣品"。在古人眼里，霜降吃红柿子不但可以御寒保暖，同时还能补筋骨，是非常不错的食用佳品。人们相信，霜降这天要吃柿子，不然冬天嘴唇会裂开。这可能也是对柿子保健作用的间接说明。

柿子可以做成柿饼，吃不到新鲜柿子的人还可以吃柿饼。尤其是小孩子，可能爱吃柿饼胜过直接吃柿子。加工过的柿饼寒性会减弱，肠胃不好的人食用起来就没有顾虑了。

秋季也是大闸蟹上市的季节，中医认为，螃蟹与柿子都属寒性食物，所以二者不能同食。从现代医学角度看，含高蛋白的蟹、鱼、虾在柿子中的鞣酸的作用下，易凝固成胃结石，不利于身体健康。

2. 霜降进补

民间有"补冬不如补霜降"的说法。霜降时节，天气已经越发寒冷，民间食俗也非常有特色。人们认为先"补重阳"后"补霜降"，而且"秋补"比"冬补"更为要紧。所以，民间流传的"煲羊肉""煲羊头""迎霜兔肉"成为霜降时节的食俗。

霜降时节，桐乡一些地方会开始做传统年糕。年糕做工复杂，要经过磨、蒸、打、切等十多道工序才能制成。俗话说，"补冬不如补霜降"，台州黄岩区的老百姓在霜降时的习俗是吃鸭肉煲。鸭肉能解秋燥，加上一些浙江人自己种的竹笋，味道鲜美好吃。各地的食补当然有所区别。在义乌，霜降前后是红糖的开榨季，红糖加其他佐料做成麻花、糕点，营养丰富又味道甜美，是当地的传统小吃。嵊州一些地方喜欢在霜降节气吃板栗，认为这样有利于养胃健脾。

3. 吃芋头

霜降到立冬这段时间，正是浙江地区芋头的完全成熟期，闲时在田野里烤芋头成了一件乐事。中医认为，霜降时期吃芋头能"吞之开胃，通肠壁"，因此芋头特别适合体虚、体质不好的人食用。

4. 吃白柚

霜降时节，人们容易产生秋燥的感觉。这时，柚子大量上市。柚子味道清甜可口，是很多人都喜欢的一种水果。多吃柚子，可以解除秋燥。柚子的吃法很多，最直接的是剥皮后直接吃，也可以制作成柚子蜂蜜茶，各有风味。

5. 吃萝卜

都说冬天的萝卜赛人参。霜降之后，萝卜无论是营养价值还是口味都会提升很多，所以浙江人也会吃萝卜。萝卜可以用来煮汤，或切成丝凉拌，还可以拿来炒着吃，都非常美味。经常吃萝卜可以起到通气补肾的作用。白萝卜还具有促进食欲、帮助消化、止咳化痰、除湿生津等功效。

6. 吃粗粮

霜降时节气温开始逐渐变低，人们变得不太愿意运动，这导致肠道蠕动变慢。这时可以多吃一点玉米、南瓜、番薯或小米等粗粮，调节身体状态，有益身心健康。

7. 食用海鲜粥

宁波人爱吃海鲜。到了霜降时节，宁波人会煮海鲜粥来吃。说到粥，这也是宁波人的偏爱。在深秋季节，来一碗热腾腾的海鲜粥，是一种难得的享受。

四、霜降农事

霜降时节是浙江地区的"三秋"大忙季节。趁着天气晴好，农民们在田间地头忙着抢收稻谷、玉米，翻耕、培埂，开展培育草莓、种植早茬油菜等秋冬种植工作。农民在收获以后还要及时把秸秆、根茬收回来，这是很重要的一项工作，因为秸秆里面会潜藏许多越冬的虫卵和病菌，故有农谚"满地秸秆拔个尽，来年少生虫和病"之说。这个时期有时阴雨连绵，阳光少，湿度大，不利于秋收作物的晒干储存，因此，要注意抓紧晴朗的天气收割，确保粮食颗粒归仓。

霜降时节要继续做好牲畜秋季防疫工作，为牲畜过冬备好粮草，确保其暖和。牲畜圈舍要打扫干净，防止畜禽流感发生。此时，水产动物即将进入冬眠，各种鱼类开始捕捞上市。

五、拓展知识

1. 洗冷水澡

霜降时，温州人开始洗冷水澡。这时气温逐渐走低，洗冷水澡可以增加抵抗力，预防感冒，还能让皮肤更加光滑。需要注意的是，洗冷水澡是个循序渐进的过程，从霜降时节开始是个不错的选择。

2. 九山水龙会

旧时，霜降这天温州九山湖都会举行水龙会比赛。水龙会在过去是民间救火队，职能与现在的消防队类似。以前的消防设备都是手动的，水龙会人员常进行技能大比拼，看谁能让水柱喷得更高、更远。霜降过后即将入冬，防火工作十分关键，举办比赛也带有演习的意义。

3.民间禁忌

有谚语说"霜降见霜，米烂陈仓"。霜降日忌不见霜。如果未到霜降节气而下霜，稻谷收成受到影响，米价就高。

六、有关节气的诗词谚语

1.诗词

山行

唐·杜牧

远上寒山石径斜，

白云生处有人家。

停车坐爱枫林晚，

霜叶红于二月花。

赏析 诗人以枫林为主景，描绘了一幅色彩热烈、艳丽的山林秋色图。

枫桥夜泊

唐·张继

月落乌啼霜满天，江枫渔火对愁眠。

姑苏城外寒山寺，夜半钟声到客船。

赏析 在诗中，诗人选取落月、啼乌、满天霜、江枫、渔火、不眠人等意象，描绘出一幅静谧朦胧、幽美清冷的江南水乡秋夜图；又以城、寺、船、钟声营造了一种旷远空灵的

意境。全诗以一个"愁"字统起，短短四句诗中包含了六景一事，用最具诗意的语言，营造出一幅清幽寂远的意境。

2. 农谚

霜降不见霜，还要暖一暖。

| 赏析 | 霜降节气中如果见不到霜的迹象，说明天气还要再持续暖一段时间。

霜降晴，风雪少；霜降雨，风雪多。

| 赏析 | 旧时人们认为，霜降节气如果遇晴天，那么节气之后的风雪天气不会很多；如果霜降节气降雨了，那么节气后的雨雪天气就会增加。

霜降无雨，暖到立冬。

| 赏析 | 旧时人们认为，如果霜降节气不下雨，那么天气至少会暖和到立冬。其实这句话还有后半句，"立冬无雨一场空"。主要意思比较明显，如果立冬那天不下雨，那必定是个暖冬，暖冬将直接影响收成，所以才有"瑞雪兆丰年"的说法。

第四章

北风寒冷 万物收藏

第一节

立冬：绍兴迎祭"酒神"
"冬酿"祈求福祉

一、节气起源

　　立冬是二十四节气中的第 19 个节气，也是中国的传统节日之一。立冬在每年公历 11 月 7 日或 11 月 8 日，此时太阳位于黄经 225 度。古时民间就将立冬作为冬季的开端，《气候集解》说："立，建始也。"又说："冬，终也，万物收藏也。"意思是这个时节农作物都已全部收晒完毕收藏起来，动物也要开始准备冬眠。冬季就要来临了。

我国古代将立冬分为三候：一候水始冰，二候地始冻，三候雉入大水为蜃。立冬节气气温下降，冷得水可以结成冰，土地开始冻结；雉就是野鸡一类的飞禽，蜃为大蛤蜊，它们身上的花纹和色彩非常相似。立冬后野鸡蛰伏了，而蜃类会大量繁殖，沿海地区的人可以看到很多大蛤蜊，就以为是野鸡飞入水中变的。

从气候学角度来说，下半年进入冬季的标准是平均气温降到10℃以下。我国幅员辽阔，各地进入冬季的时间也不一样，华南沿海更是全年无冬，青藏高原地区则是长冬无夏，长江流域入冬则要到小雪节气开始，基本契合"立冬为冬日始"说法的是黄淮地区。

进入立冬节气，我国大部分地区降水明显减少，空气土壤均趋于干燥。这时北方地区的气温更低，大地开始封冻，农作物进入越冬期，江淮地区的"三秋"行将结束，江南地区正利用有限的时间抓紧播种晚茬冬麦和移栽油菜，南方地区的这个时节最适合种麦。

二、民间活动

1. 酿黄酒

立冬和立春、立夏、立秋合称"四立"，在古代社会是个重要的节日。作为礼仪制度的重要组成部分，立冬日设坛祭祀几乎为历代帝王所重视，且规模庞大、程序复杂，反映了这个节日的重要性。

民间的老百姓更希望立冬能给自己带来吉祥，各地的表现形式有所不同。浙江的很多地区会在立冬日开酿黄酒，其中以绍兴为代表。黄酒是世界三大古酒中唯一源于中国且为中国所独有的古酒，最早可以追溯到商周时期。它的传承发展已经深入华夏文明的血脉之中，与老百姓的生产生活息息相关，在酿造上也更加注重与时令的合拍。

绍兴黄酒的酿造用水主要取自鉴湖。鉴湖在绍兴城西南，俗话说"鉴湖八百里"，可见其水资源之丰富。立冬后的鉴湖水在一年中最为清冽凉爽，正适合酿酒。同时这个时节气温很低，不但杂菌的繁殖能够得到有效遏制，保证发酵顺利进行，长时间低温还能使酒在发酵过程中形成良好的风味，是酿酒发酵最适合的季节。长久以来，从立冬至来年立春共约 120 天是最适合酿制黄酒的时间，被绍兴人称为"冬酿"。

古时的酿酒工艺没有严格的标准，主要靠经验传承，具体的操作全凭感觉，稍有不当就会失败，酿出味道发酸带涩的黄酒，造成时间和材料上的浪费。为保证较高的成功率和更好的味道，酿酒人希望天地和"酒神"来保佑自己酿出好酒。所以每年立冬开酿之前，我们就会看到大大小小的各种祭拜仪式。

绍兴民间在立冬日祭祀"酒神"、祈求一年风调雨顺的习俗，一直延续到了 21 世纪的今天，并逐步演变成绍兴独有的一种酒俗和风情。中国黄酒节始于 1990 年，基本上一年举行一次，形成了一套比较规范的仪式，以表达对先辈们传承下来的酿造技法的坚守和尊重，也体现了今人继续铭记黄酒传统的匠心精神，以及将黄酒文化发扬光大的决心。每次开酿仪式后，都要举行隆重的拜师仪式。拜师仪式也是效仿古法，包括徒弟鞠躬、敬茶，师傅喝茶、回赠长衫和耙头等环节。"师带徒"是绍兴黄酒酿造技艺传承千年的主要模式，时至今日仍在各大酒厂沿用。

绍兴黄酒畅销国内外市场，为绍兴创造了巨大的经济收入，为国家创造了大量外汇。黄酒已成为古城绍兴的历史名片，绍兴黄酒酿制技艺也在 2006年被列入国家级非物质文化遗产名录，黄酒节成为大众喜欢的休闲文化活动日。

浙江其他地区也有从立冬开始酿酒的习俗，如海盐沈荡镇，这里的人们每到此时，也会举行立冬开酿的仪式，其过程和绍兴的大同小异，只是规模小得多。

2. 纳鞋贺冬

旧时的立冬时节，在诸暨农村有个"纳鞋贺冬"的习俗。立冬天气变冷，一年到头劳作的人鞋子已经穿得破旧，同时妇女们要做的农事已基本做毕，有时间为家里人做鞋了。

三、传统饮食

1. 补冬

立冬以后慢慢进入冬季，天气渐渐转冷，人体消耗较大。古时没有很好的取暖设备，为了抵御严寒，只能增强自身体质。增强体质最直接有效的办法就是多吃高热量的食物，这是进食滋补的大好时机，人们的饮食会特别讲究，这就是所谓的"补冬"。

各地补冬的食物各有不同。在浙江，立冬日人们一般要吃鸡鸭肉补身体。为求最大的效用，吃鸡鸭都有特定的时间。立冬吃鸡在桐乡曾经是个很讲究的事情，这个讲究主要是在做法上：整只鸡不切割分解，好几只鸡囫囵放进锅里去烧。烧鸡的稻草也与平时不同，形式上要把稻草捆扎成一束一束的，共用七束去烧一锅鸡，当鸡烧熟时，刚好七束稻草用完。老百姓认为这样的鸡特别滋补，吃了之后全家人一年到头身强体壮。除了鸡鸭外，老百姓也有吃猪蹄进补的，信奉的是"吃啥补啥"的说法，要补手就吃前蹄，要补脚就吃后蹄。除了肉类，蔬菜瓜果也是补冬的食物。在湖州的立冬日就吃杂菜果饭，与此类似的是嘉兴农村立冬节气吃咸肉菜饭和南瓜团子。咸肉菜饭用刚上市的新米、霜打后的青菜和咸肉共同煮制而成，就是将咸肉和青菜掺在一起进行搅拌揉捏，与米饭一起在锅里蒸煮，最好用稻草烧火，这样的咸肉菜饭又香又糯，出锅后要趁热吃，是驱寒养生的好食品。而南瓜团子是以老南瓜为主料，用的馅由猪油豆沙、萝卜丝和咸菜豆腐干夹揉而成。长兴部分地区在立冬日会制作"青团子"，这代表团团圆圆、幸福美满。宁波人庆祝立冬的主要方式就是吃，在吃的各类食物中，他们对汤圆情有独钟。

2. 圆冬节

立冬日是畲族的圆冬节。景宁畲族自治县是畲族同胞的聚居地，这里的传统保存得很好。在立冬日，家家户户要把去壳的糯米倒入石臼，舂米做糍粑，讲究点的人家还要杀鸡宰鸭加滋补草烹煮，然后一家人聚餐，庆祝一年辛勤劳动取得的好收成。这是补冬，也表示农事到此已经基本料理完毕。这一天也是小阳春，农户们会结伴登山，也称"探宝"。立冬未做糍粑的人家很多会在冬至补上圆冬节这一餐，或舂米糍或做汤圆来祭祖聚餐，以祝来年好收成。

四、立冬农事

1. 秋收冬种

立冬前后我国大部分地区晴好天气增多，浙江各地抢抓农时，进行采收晾晒、冬季备耕和播种，其中最主要的是搞好晚稻的收、晒、晾，保证入库质量，同时抓紧时间进行冬小麦、油菜等春粮春油作物的播种。冬小麦播种要巧用天时，宁可趁着晴天迟播几日，也不要为了抢时间而在下雨天播种，以保证播种的质量，防止年内拔节，并尽量扩大冬种面积，减少空闲田。另

外还要抓好冬季水利维修、农家积肥等工作。

2. 蔬果农事

立冬时节，浙江的农民们忙着开展冬季果蔬种植，要抓住天晴无风的有利时机，及时做好盖大棚、铺地膜的工作，做好大棚蔬菜保温管理工作。白天晚上气温相差大，白天气温高的时候适当揭膜通气，到了凉意上来就要继续密封大棚。立冬前后，果树大都进入采摘后的管理时期，为保障果树安全过冬，要进行枝叶冬剪及树干涂白等管理。此时中药等经济类作物的采摘也接近尾声。

3. 畜牧水产

立冬时节的生猪秋冬防疫工作重点在补针；耕牛要加强放牧，吃足草料；在冬季来临之际，开展一次驱虫工作。立冬之后，水温逐步下降，鱼米之乡的浙江开始捕捞各种水产。偏热带品种根据各自耐受温度尽快捕捞上市，普通品种陆续进入冬眠模式，偏冷水性品种逐步减少投饲，抬高水位，准备越冬。

4. 修农具

立冬代表进入冬季，农活开始进入收尾阶段。这时农民一方面可以多休息，另一方面也要对使用了一年的农具进行检查整修。对于有损坏的农具，该修就修，修不好的，那要重新添置，免得耽误来年春季农时。《礼记》中有季冬之月"命农计耦耕事，修耒耜，具田器"的描述，说的正是这个意思。

五、拓展知识

1. 百年土法熬红糖

"有糖无糖，立冬绞糖"是义乌民间广为流传的谚语，说的是义乌人在立冬日用甘蔗榨制红糖的习俗。这一习俗迄今已有400多年的历史，尤以义亭镇规模最大。那里有"红糖之乡"的美誉。每到立冬这天，义亭镇村村都采用传统的连环锅古法熬制红糖，红糖散发出浓郁、醇厚的甜味，连空气也是甜的。一想到这个从小就习惯的甜味，远在他乡的义乌人都能感受到家乡的温暖。

2. 腌制金华火腿

与黄酒的"冬酿"一样，闻名遐迩的金华火腿的最佳腌制时节也是从立冬开始的，一直持续到来年立春。金华火腿一直保持传统工艺制作，过程复杂、精细，涉及大大小小40多个步骤，才能成就这一口美味。其中持续7天以上的晒制是火腿"上楼"发酵前的必经环节，这样能让火腿形、色、味俱佳。这个时间段是金华的火腿加工企业最忙碌的时候，也预示着丰收的时刻已经来到。

3. 扫疥

旧时立冬节气，河南、江苏、浙江一带民间流行"扫疥"。"扫疥"就是用野菊花、金银花等草药煎汤沐浴，目的是祛除污秽，扫除疾病，强身健体，安然过冬。嘉兴称之为"洗疥"。"扫疥"在不同的地区所用原料有所不同，海宁的老百姓采用野菊花、荆芥煎汤沐浴，而在临安则又变成野菊花和枯桑了。

4. 冬泳

用冬泳的方式来庆祝立冬，是现代中国人的一个创新。立冬当天，哈尔滨的冬泳爱好者会一起横渡松花江，以此迎接冬天。河南商丘、江西宜春、湖北武汉、浙江绍兴等地立冬之日也有冬泳的习俗。

5. 早睡

从立冬节气开始早睡是有科学依据的，因为立冬是入冬的第一个节气，天气逐渐转冷，民间认为在睡眠上要开始遵循"早睡晚起"的原则，同时饮食要注重"少咸增苦"。

6. 村社歌舞

旧时湖州乡村自立冬到年底这段时间都要做"社戏"。"社戏"就是用歌舞来酬谢各路神仙的保佑，同时也是娱乐老百姓，给辛苦一年的劳动人民带来一点娱乐。

7. 补品敬老

旧时温州嫁出去的女儿会在立冬这天买补品送到娘家给父母吃，表示一番孝心。补品的种类普遍就是猪肝、猪心、猪肚等，在旧时这些也算好东西了。这项习俗一直传到今天。现在生活条件好了，女儿都是买各种礼物来孝敬父母长辈的。

8. 敲梆防火

敲梆（"打更"）巡街是旧时的防火宣传形式。在温州，一般都是立冬时节成立敲梆队，因为这时开始进入"天干物燥"的季节，容易发生火灾。敲梆人一边敲梆一边用方言喊出"寒冬来临，小心火烛"等口号，提醒大家注意防火，这也是当时一个特别的现象。

9. 膏方养生

很多地方的中医馆、中草药店会在立冬这天推出膏方。膏方是一种膏状药剂，一般由 20 味左右的中药组成，具有很好的滋补作用。中医认为冬季是一年中进补的最佳季节，在立冬时节食用膏方，有滋补养生的作用。

10. 民间禁忌

从饮食上来说，有些地方的老百姓立冬日不吃生萝卜、水果，认为吃了这些食物会损伤身体。从天气来说，很多地方的百姓都希望立冬当天能天气晴好，认为这样可保牛马牲畜不被冻伤。湖南的兴宁有谚语"立冬无雨一冬晴"，认为立冬日天晴是个好兆头。浙江杭州也有"立冬晴，一冬晴"的说法。

六、有关的诗词谚语

1. 诗词

立冬日作

宋·陆游

室小财容膝，墙低仅及肩。

方过授衣月，又遇始裘天。

寸积篝炉炭，铢称布被绵。

平生师陋巷，随处一欣然。

赏析 这首诗平实自然，前六句诗人用白描的手法叙述立冬日自己身处环境的窘迫，最后两句却写出了积极乐观地面对艰难生活的从容心态和宽阔胸怀。在这由生存空间和心灵空间构成的强烈反差中，一位终其一生立志北伐的爱国志士的生命质量和人生意境展现在我们眼前。存"大我"而舍"小我"，是陆游一贯的情怀操守，也是我们中华民族一脉相承的文化精神所在。

冬景

宋·刘克庄

晴窗早觉爱朝曦，竹外秋声渐作威。

命仆安排新暖阁，呼童熨贴旧寒衣。

叶浮嫩绿酒初熟，橙切香黄蟹正肥。

蓉菊满园皆可美，赏心从此莫相违。

赏析 这首诗先景后事，过渡自然，最后一句抒怀，点到为止，见好就收。诗歌描绘了诗人没有对冬天的到来感时伤怀，而是一腔愉悦，表达了诗人珍惜眼前美好时光的心情。

2. 农谚

立冬小雪紧相连，冬前整地最当先。

赏析 立冬是冬天的开始，紧接着后面就是小雪节气，天气将会越来越冷。江南地区这个时节正逢秋收冬种，人们要趁着晴好天气抓紧做好晚稻的收、晒、晾、藏，赶紧整理土地，开好沟渠，防止冬季涝渍和冰冻危害。

西风响，蟹脚痒，蟹立冬，影无踪。

赏析 螃蟹具有生殖洄游的习性。秋季来临，大闸蟹便沿着水流由湖、库、池塘到近海的咸、淡水分界处产卵，民谚"西风响，蟹脚痒"说的正是这个现象。到了立冬节气，天气变冷，大闸蟹洄游停止，它们多已回归浅海，或就地蛰伏过冬，人们再也捕捞不到了，所以有"蟹立冬，无影踪"的说法。

第二节

小雪：宁波冬腊风腌　家家蓄以御寒

一、节气起源

　　小雪是二十四节气中的第 20 个节气，在每年公历 11 月 22 日或 23 日，其时太阳到达黄经 240 度。小雪节气的到来表示至此后要开始降雪。《气候集解》曰："十月中，雨下而为寒气所薄，故凝而为雪。小者未盛之辞。"

　　我国古代将小雪分为三候：一候虹藏不见，二候天气上升地气下降，三候闭塞而成冬。气候变化导致形成彩虹的条件没有了，古人觉得彩虹就像藏起来看不见了；万物失去生机，大地进入了严寒的冬天。

小雪节气，寒潮和强冷空气活动频繁，入冬的第一场雪经常出现在这个时节。长江中下游地区的初雪期与小雪节令基本相同，天气渐渐变冷，开始下雪但雪量不大，且地面不容易形成积雪，基本是夜冻昼化，但在冷空气较强、暖湿气流又相对活跃的情况下也可能下大雪。我国国土辽阔，其他地区也有才开始进入冬季甚至根本还没进入冬季的。

二、民俗活动

1. 做香肠、酱肉

我国民间自古有"冬腊风腌，蓄以御冬"的习俗，这个习俗正契合小雪时节的天气。《群芳谱》记载："小雪气寒而将雪矣，地寒未甚而雪未大也。"这说的是小雪后气温开始急剧下降，天气变得寒冷而又干燥，这正具备了做腊货的外部条件。

宁波人在这个时节就要开始做香肠和腊肉了。他们做香肠的方法比较简单，就是把猪肉均匀切成粒，加少量盐、白糖、味精、料酒等调料后搅拌均匀，然后灌进肠衣里晾晒。晾晒的时间看当时的天气情况。经过西北风的一番"洗礼"之后，香肠风味绝佳，正好可以在春节食用。随着社会节奏加快，宁波人慢慢地不再腌制腊肉。为了应和正在到来的冬季，一般就做酱肉。酱肉算是腊肉的近亲，只是做法更加简单：把猪肉洗干净切成条块状，然后沥干，将酱油、黄酒、花椒、桂皮、茴香加水烧成的汁水冷却，再把沥干的猪肉浸在冷透的汁水里开始腌制，腌制的天数根据自家的口味轻重来选择。做酱肉最好是在干燥的大风天，北风吹上一个星期，切成小块上锅蒸就可以了。

与宁波毗邻的杭州人也做腊肉，此外还做腌制酱鸭。杭州的酱鸭一直比较有名，知名的杭式餐厅知味观销售的一直是该店自行腌制的酱鸭。在我国四川、湖南、湖北、江西等地，都有过年腌制腊鱼腊肉的习俗。

2. 忙腌菜

俗话说："小雪腌菜，大雪腌肉。"小雪腌菜的习俗由来已久。过去因自然条件限制，冬天新鲜蔬菜很少且价格高，所以人们习惯在小雪前后腌菜，作为冬天的下饭菜。清人著作《真州竹枝词引》中记载："小雪后，人家腌菜，曰'寒菜'……蓄以御冬。"和北方地区相比，江浙一带天冷得比较晚，所以有谚语道："秋分种菜小雪腌。"

宁波在小雪前后多霜降天气，霜打过后的菜容易软化，加上此时温度偏低，腌制出来的菜味道更好。所以宁波人通常都会在这个时段腌制咸菜。腌制的材料主要是整根青菜或芥菜，也有用雪里蕻这个品种的，各家根据家人口味的轻重决定使用食盐的多少。腌制后的腌菜通常被搁置在通风处一个月左右，隔一两天翻一次，等到卤汁水淹没全部腌菜则大功告成。腌菜通常可以一直吃到来年立春，吃的时候用滚开水烫一烫，烫上两三次就可以吃了。立春过后，天气开始变热，腌菜口感就不那么好了，而且容易腐坏。

浙江其他地区也在这个时候腌菜，但原材料不尽相同，如金华地区用雪里蕻（九头芥）腌制雪菜，兰溪则是腌制小萝卜。

3. 吃糍粑

宁波人有小雪节气吃糍粑的习俗，但又和别处有所不同。他们不把糍粑叫糍粑，通常叫"米鬼"，也叫"糯米鬼"，"鬼"在这里与"亏"同音。旧时每年秋收后新糯米上市，穷人们把各家的糯米凑在一起，边搡边吃，热气腾腾，热热闹闹，这个活动称之为"搡米鬼"，这也是一种"尝新"的习俗，充满着丰收的喜悦和浓浓的邻里温暖。现在人们都丰衣足食，聚在一起"搡米鬼"已经成为乡邻相互交流的契机。宁波的"米鬼"有很多种吃法：喜欢清淡的可以选择清蒸；想省事的直接放在大灶里煨着吃；也可以和苔条一起油氽，这算是老宁波特色了；油煎后加芝麻猪油也是一种吃法；还可以和青菜一起煮汤当正餐吃。过去经济条件较好的人家还会在"米鬼"外面裹上一层黄糖，味道更加诱人，可以当点心招待客人。

三、传统饮食

1. 炒米

浙江有些地方会在小雪时节把糯米炒熟储存起来，等寒冬来了泡开水吃，故当地有民谚："炒糯米曰'炒米'，蓄以过冬。"

四、小雪农事

小雪期间，农民们忙着将收获上来的水稻脱粒、晾晒、进仓。土地是农民的命根子，不可能被搁置，"立冬小雪北风寒，棉粮油料快收完。油菜定植麦续播，贮足饲料莫迟延"，这一农谚真实地反映了浙江大部分地区的农事活动。经过一番翻垦继续种下油菜、麦子和各色冬季蔬菜。这时浙江的天气开始转凉，昼夜温差也逐渐拉大，甘蔗含糖量也因此越来越高并到达顶峰，农民要趁这个时间抓紧收甘蔗。

有的水果特别是柑橘类在小雪节气才开始采摘，要趁着晴好天气抓紧时间采摘。低温来临，果树开始进入休眠期，叶子泛黄，枝条老化，想要果树不被冻死、冻坏，就要为果树修剪枝丫，然后用草秸编箔包扎株干，给果树保暖，也要及时施肥和全面治虫清园，这样来年才能结出丰硕的果实。

小雪期间气候寒冷，鱼米之乡的浙江到处都有鱼塘。鱼塘里的鱼要做好越冬的准备和管理，特别是要管好越冬鱼种池，这是提高鱼越冬成活率的关键。要做好大型牲畜越冬的饲料准备工作，饱食保暖，保证牲畜越冬的存活量。

五、拓展知识

1. 酿酒

绍兴人以立冬开酿黄酒闻名，并影响周边地区。如旧时的湖州安吉也在立冬酿酒。但浙江民间也有不少地方酿酒是从小雪时节开始的，因为小雪时，当地的水极其清澈，足以与雪水相媲美。长兴的老百姓在小雪后酿酒，称作小雪酒，该酒可储存到来年，依然色清味冽；江山一带在冬季汲取井华水（早晨第一次汲取的井泉水，中医认为此水味甘平、无毒，有安神、镇静、清热、助阴等作用）酿酒，来年春天桃花开放时饮用，称之为桃花酒；安吉人冬天基本每家每户都要酿制林酒，因在过年前后喝，所以称为过年酒；平湖一带则多在农历十月上旬酿酒，因时起名，俗称十月白，如果这酒是用纯白面做酒曲，采用白米、泉水来酿造的，则称为三白酒，到春月在其中加入少许桃花瓣，又叫桃花酒了；酿酒在金华有悠久的历史，金华农村以前在立冬陆续开始酿酒，但随着近几年气候变暖，慢慢推迟到小雪甚至大雪节气才开始酿酒。

2. 盐齑菜

小雪节气海盐民间通常有做"盐齑菜"的习俗，农谚"盐齑菜落缸，生活落档"就指的是这个事。这时的青菜经过霜打，割来后洗干净，晾晒到青菜发软，再放上适量的盐在木质面桶里用手反复揉搓，让盐汁逐渐渗入菜中。搓一阵后青菜发软，放好后装入缸中压上石块，一般六七天后就可食用。盐齑菜咸咸的，又带有一点鲜。农户们用它来做"盐齑菜烧鲫鱼""盐齑菜炒蘑菇"，也可以直接烧猪肉或鸡肉，味道很是鲜美，还用盐齑菜卤烧毛芋艿，这些菜都可以称得上是海盐的风味名菜。

3. 民间禁忌

民间认为小雪日下雪是一年风调雨顺的开始。如果小雪节气不下雪，将不利于农业生产，故有农谚"小雪不见雪，来年歇长工"。其意为来年缺水干旱，病虫害也容易熬过冬天，农作物可能减产，农民就无活可干，要歇长假了。

六、有关节气的诗词谚语

1. 诗词

小雪

宋·释善珍

云暗初成霰点微，旋闻萧萧洒窗扉。

最愁南北犬惊吠，兼恐北风鸿退飞。

梦锦尚堪裁好句，鬓丝那可织寒衣。

拥炉睡思难撑拄，起唤梅花为解围。

赏析 从古至今，文人墨客写雪的诗词不可胜数，但写小雪的却并不多见。与纷纷扬扬的大雪相比，小雪自然缺乏宏大的气势，但也有自己独特的美。释善珍的这首小诗正是描写小雪的典范之作。雪飘飘洒洒，不紧不慢，一派从容景象。诗人陶醉其间，担心村子里的狗叫打扰了这份宁静，也怕突如其来的北风坏了这份雅致。诗人骨子里的风雅尽在其中。

和萧郎中小雪日作

南唐·徐铉

征西府里日西斜，独试新炉自煮茶。

篱菊尽来低覆水，塞鸿飞去远连霞。

寂寥小雪闲中过，斑驳轻霜鬓上加。

算得流年无奈处，莫将诗句祝苍华。

赏析 本诗用语朴实流畅，写出了北方小雪节气时的气氛：秋阳渐远，雪落寒侵。诗的格调稍显低颓，也正契合中国文化中对冬日的描写一贯是阴郁寂寥的传统。诗人在太阳西斜的冬日，烧火煮茶，再加上寂寥的小雪，也有一派宁静祥和的氛围。

2. 农谚

小雪大白菜入缸，大雪大白菜出缸。

赏析 腌菜和气温有关系，如果天气热的话，腌制的菜会变酸。小雪节气天气开始变冷，这时候江南家家户户才开始腌菜。他们先把白菜提前晾晒几天去掉一点水分，然后根据一层白菜一层盐的比例兑好，放在洗干净晾干的缸里充分踩踏再用石块压牢，经过十五天左右的无氧发酵，到了大雪时节就可以出缸食用了。

小雪雪满天，来年必丰年。

赏析 小雪时节降雪，气温下降，会把地里的病菌和害虫都冻死，为来年丰收打下坚实基础；下雪还会带来雨水，滋润干涸的大地，解除旱情；大地上有积雪覆盖，对农作物也能起到保暖的作用。

第三节

大雪：杭城羊肉进补　时时暖人心田

一、节气起源

大雪是二十四节气中的第 21 个节气，在每年公历的 12 月 7 日前后，其时太阳到达黄经 255 度。大雪说的是这个节气的雪往往下得量大且范围也广。《气候集解》说："大雪，十一月节，大者盛也，至此而雪盛矣。"和小雪相比，大雪节气天气更冷，降雪的可能性更大。

大雪时节分为三候：一候鹖鸥不鸣，二候虎始交，三候荔挺出。天气寒冷，鸟也不再鸣叫。这时的阴气为一年中最盛，但物极必反，阴气趋降，阳气开始滋生，受此影响，老虎开始求偶交配，荔挺（兰草的一种）也慢慢抽出新芽。

大雪节气标志着仲冬时节的正式开始，这时我国大部分地区的最低温度到了 0℃甚至以下，冷暖空气频频交汇，导致天降大雪甚至暴雪。"瑞雪兆丰年"是自古以来民间流传范围较广的农谚，反映的是严冬覆盖大地的积雪为农作物创造良好的越冬环境。大雪可以为地面和农作物保暖，因此即使有寒流侵袭，温度也不至于降得很低，等到积雪融化，又可为土壤提供充足的水分，这正是春季农作物生长所需的。与普通雨水相比，雪水中的氮化物的含量非常高，能够起到肥田作用。农谚有云："今年麦盖三层被，来年枕着馒头睡。"这句谚语正是这一情况的真实写照。

二、民俗活动

1. 吃羊肉

"冬天进补，开春打虎。"寒冷的大雪时节，依然是进补的好时候。进补可以促进新陈代谢，改善免疫系统，增加身体热量，祛除畏寒现象。否则来年不要说打不了虎，就连繁重的农业劳作都不能胜任。

杭州等地大雪节气进补爱吃羊肉。羊肉不但驱寒滋补，增强御寒能力，还能增加消化酶，帮助人体消化。杭州仓前镇用"掏羊锅"模式把吃羊肉上升到了一个新的高度。"掏羊锅"其实吃的就是羊杂碎。传统的"掏羊锅"就是杀羊之后，用井水和羊杂在木锅里熬制，并按照一定的比例在高汤里加入茴香、桂皮、老姜、黄酒等作料，羊杂落锅后要压上石头焖熬 2 个多小时之久，讲究的是慢工出细活。锅中老汤不起底，次日仍可继续用来烧煮羊肉。

据说乾隆三下江南到了仓前，吃了"掏羊锅"，赞不绝口，于是流传开来，一直延续至今，"掏羊锅"也成了仓前一道独特的"农家食文化"。2006年底，仓前镇举办首届仓前羊锅节，50个烧制羊锅的高手一字排开同台展示手艺，并结合其他文化艺术形式来共同呈现，热闹非凡，吸引了众多的观众和美食爱好者。

2. 赏雪玩雪

大雪时节降雪概率很大，所以这个时节从古至今就有打雪仗、赏雪景的活动，老少咸宜，也是人们在冬天的一种重要娱乐方式。南宋《武林旧事》描述了杭州人玩雪的情形："禁中赏雪，多御明远楼，后苑进大小雪狮儿，并以金铃彩缕为饰，且作雪花、雪灯、雪山之类，及滴酥为花及诸事件，并以金盆盛进，以供赏玩。"

三、传统饮食

1. 兑糖儿

大雪节气前后温州街头会出现一种"兑糖儿"的场面，俗谚所谓的"糖儿客，慢慢担，小息儿跟着一大班"，说的就是这个情况。各地饴糖作坊将做好的整版饴糖提供给俗称"糖儿客"的小商贩。"糖儿客"专门挑担走街串巷做生意，一边敲打糖刀，一边吆喝卖糖，以招徕顾客。喜欢甜食的小孩一看"糖儿客"来了，就纠缠着长辈把家里的铜钱铜板等各种铜质废品拿出来换饴糖吃。寒冷的冬天吃点饴糖，既能解馋，又能给身体增加热量，达到滋补的效果。现在的"兑糖儿"已经被聪明的温州人发展为一种商业经营方式。

四、大雪农事

大雪节气，浙江地区的小麦、油菜正缓慢生长，农民要加强田间管理，注重施肥，确保越冬，也为来年的生长打下基础。蚕豆、豌豆等耐寒作物仍可种植。

花椰菜、雪菜等蔬菜须抓紧收割，防止越冬遭受冻害。雪菜收割后要趁天晴晾晒和腌制，这是浙江人冬天做很多菜时必放的调味佳品。

冬天白天光照时间缩短，对于大棚内的番茄、黄瓜、茄子、辣椒等喜温性作物来说，要采取早揭晚盖、多见阳光的措施，以提高温度，促进生长，防止灰霉病、霜霉病、疫病等病害发生，并适时浇水和及时采收。

无论是否进入休眠期，果树树体内部仍然在活动，因此，这时的果园仍要进行管理、修剪。

要将茶园内的枯枝、残叶、杂草等加以清理，减少茶园内越冬病虫的基数。提前做好茶树的根颈培土和覆盖，保暖防寒。新茶园开始种植。

俗话说"大雪纷纷是旱年，造塘修仓莫等闲"，提醒人们此时还要加紧整理农田，清理田间秸秆，深翻土壤，减少病虫害发生，做好积肥造肥、修仓、粮食入仓等事宜。严冬天气对家禽牲畜也是个考验，人们这时对破败的禽舍和牲畜圈进行修葺，确保温暖不漏风，帮助它们安然过冬。

五、拓展知识

1. 做番薯粉丝

宁波奉化的大堰等山区在大雪时节流行做番薯粉丝。村民把磨好的番薯粉放在缸里水洗，待煮熟变胶状后，番薯粉的颜色便会由乳白色变成晶莹透明的浅棕色。然后把煮熟的番薯粉放到太阳下晒干，切成条状，就做成了地道的番薯粉丝。这种做法简单易行，也容易保留番薯原有的营养。

2. 腌肉

俗语"小雪腌菜，大雪腌肉""未曾过年，先肥屋檐"说的就是大雪节气的腌肉风俗。诸暨岭北镇有大雪节气腌肉的传统，这个习俗已经延续了上百年。10℃左右的温度是腌制腊肉的最佳时间。人们把新鲜猪肉买回来洗净晾干后，手抓一把盐在肉上反复抹擦，面面擦到。抹好盐之后，摆放在木架子上。一般情况下，隔三到四天再抹一次盐，40天之后拎出来挂晾风干就可以了。

3. 夜作

大雪期间昼短夜长，勤劳的中国人民便根据这个特点，纷纷在晚上劳作，俗称"夜作"。"夜作"过去在浙江各地比较普遍，主要是一些手工作坊，如手工的纺织业、纸扎业、刺绣业、缝纫业、染坊等。因为进入大雪节气，天气渐冷，白天短，夜间长，于是人们便利用夜间长的特点，纷纷"开夜工"。糕团、年糕店自不用多说，南货北货铺也是忙忙碌碌，就连药铺都要比平时忙上好几倍。生病的人希望能赶在年前开些膏方好好补补，别把病带到新的一年。

4. 民间禁忌

大雪节气忌讳不下雪。严冬积雪不仅有助于农作物保暖，也能提升地温，可防止春寒、增加土壤肥力，更能冻死泥土中的病虫害。民间有谚"大雪兆丰年，无雪要遭殃""冬无雪，麦不结"，可见其重要性。

六、有关节气的诗词谚语

1. 诗词

白雪歌送武判官归京

唐·岑参

北风卷地白草折，胡天八月即飞雪。

忽如一夜春风来，千树万树梨花开。

散入珠帘湿罗幕，狐裘不暖锦衾薄。

将军角弓不得控，都护铁衣冷难着。

瀚海阑干百丈冰，愁云惨淡万里凝。

中军置酒饮归客，胡琴琵琶与羌笛。

纷纷暮雪下辕门，风掣红旗冻不翻。

轮台东门送君去，去时雪满天山路。

山回路转不见君，雪上空留马行处。

| 赏析 | 这是一首著名的咏雪诗，是岑参边塞诗的代表作。诗人描绘的是边塞将士集体送别归京使臣的慷慨热烈的场面。诗歌将思乡之苦与卫国之乐的精神统一起来，充满积极乐观、昂扬奋发的基调。

全诗连用四个"雪"字，以雪起，以雪终，写出别前、饯别、临别、别后四个不同画面的雪景，既情意含蓄，又奇恣酣畅，境界雄阔。岑参把塞外风雪的特点融入诗中，突显自己的情感，景色越壮丽，情感则越深沉，既有惜别之情，惆怅婉转，又有边塞戍客的温情。

江雪

唐·柳宗元

千山鸟飞绝，万径人踪灭。

孤舟蓑笠翁，独钓寒江雪。

| 赏析 | 这首《江雪》是一幅江上雪景图。每一座山、每一条路都被大雪覆盖，白茫茫一片的世界里没有一只飞鸟，更无一个行人。在这孤冷幽僻的江上，却有一个渔翁，孤独又从容地在江中钓鱼，在山水一片苍茫的环境中，形象虽不高大却非常突出。这个静谧不动、远离尘世的渔翁形象，正是柳宗元本人的感情寄托和写照。这首诗表达的是诗人那种摆脱世俗、超然物外、清高孤傲的人格特质和精神追求。

2. 农谚

寒风迎大雪，三九天气暖。

| 赏析 | 大雪节气这天要是刮大风并且降温的话，这个冬天甚至最冷的三九天也会很暖和。但这样的天气不利于冬天农作物的生长，来年的粮食很可能减产，农民对出现这样的天气是很担心的。

大雪三白，有益菜麦。

| 赏析 | "三白"说的是下雪地面白了多次，"三"在这里是个概数，表示次数多。这句谚语说的是如果大雪节气下雪次数多，就等于是给蔬菜麦子等农作物盖上了保暖的被子，使之不怕寒潮侵袭，有利于它们的成长。农民来年的收成就有了保证，不怕饱一顿饥一顿了。

第四节

冬至：台州三门祭冬　实现聚族睦亲

一、节气起源

冬至是二十四节气中的第 22 个节气，是每年公历 12 月 21 日至 12 月 23 日中的某一天，其时太阳运行至黄经 270 度。古人对冬至含义的理解，被表述为："阴极之至，阳气始生，日南至，开始北移，日短之至，日影长之至，故曰冬至。"所以冬至又称"冬节""长至节""亚岁"等。

冬至是我国一个非常重要的节气，也是中华民族的传统节日。早在遥远的春秋时代，我们勤劳智慧的祖先就通过测量正午太阳影子的长短而测定出了冬至，迄今已有 2500 多年。

古人将冬至分为三候：一候蚯蚓结，二候麋角解，三候水泉动。传说蚯蚓具有阴曲阳伸的习性，冬至时虽有阳气萌动，但阴气仍占据优势，所以蚯蚓依然蜷缩在土中。麋是鹿的同科动物，但区别在于鹿为阳而麋为阴，古人认为麋的角朝后生，所以为阴。冬至阳气初生阴气渐退，于是麋开始解角；同样受阳气催生滋长的影响，山中的泉水开始流动，用手一摸有温热的感觉。

冬至是"数九"第一天，为"数九寒天"之始，天文学上也把"冬至"确定为北半球冬季的开始，故民间有"冬至不过不冷"之说。这一天也是北半球一年中白昼最短、黑夜最长的一天，并且越往北白昼越短，黑夜越长。在北极圈以北，这一天的太阳一直处在地平线之下，是北半球一年中极夜范围最广的一天。我国各地气候存在较大差异，此时靠近西伯利亚的东北已是严寒冰封，华南地区却春光明媚。

二、民俗活动

1. 冬至大如年

俗话说"冬至大如年"，浙江不少地方都有冬至祭祖的传统，台州也不例外。这一天是台州人合家团聚、拜祭祖先的日子。

冬至日的一大早，台州人就要出门去市场买来新鲜的菜肉海鲜，全部洗干净后开始烹饪，一般用大半天的时间就能做出一桌子热气腾腾的鲜美菜肴。这些菜肴中有三样是必不可少的，那就是红烧猪肉、红烧豆腐、红烧海鲜。其中豆腐的作用有点特殊，台州有句老话"若要富，冬至吃块热豆腐"，说明了用豆腐祭祖的重要性。冬至日祭拜结束已是晚上，主人会提前邀请一些亲朋好友赴宴，一起吃供奉过的菜肴供品。冬至夜是阖家团聚的日子，在外务工的人也尽量会提前赶回来，一些应酬也会往前或往后推，重要的是一家人要在一起吃上一顿团圆饭。

席间大家相聚一起把酒言欢，其乐融融，一般喝的是自家酿的米酒。台州人会把米酒加热饮用，加热后酒里放上几块姜片，或打入鸡蛋做成蛋花酒。喝上几口暖暖的酒，聊聊收成，问问学业，扯扯闲篇，不会喝酒的也来点桂花酒酿，享受这一年中最长的一个夜晚，别有一番意味。

台州人在冬至还要吃擂圆。擂圆也叫冬至圆，有甜圆和咸圆之分。甜圆就是用糯米粉做成桃子大小的圆子，煮熟后擂以红糖豆沙粉即成。咸圆里就是放猪肉、豆腐干、冬笋、川豆、红萝卜、白萝卜等切成的细丁做馅。"圆"意味着"团圆""圆满"，表达的是一种美好的祝福。台州人的冬至必须吃擂圆，否则就觉得没过冬至。擂圆一般都是家里现做，"家家捣米做汤圆，知是明朝冬至天"说的就是家家户户做擂圆的热闹场景。做擂圆也是个细致活，费时费力，有时间做的人越来越少，大多是有手艺有耐心的老年妇女。现在一些单位食堂也供应免费的擂圆，给快节奏的现代人送上一点节日的祝福。所以与宁波人冬至吃的汤圆相比，台州人的擂圆不但内容丰富，而且意味深长。

2. "三门祭冬"

古时的百姓聚族而居，举族进行各种祭祀活动。冬至祭祖的古老习俗，源头可追溯到新石器时代的大汶口文化和良渚文化时期。根据考古发掘，良渚遗址中就已有高大的祭坛。后经过不断发展，形成了完整的祭仪。流传到今天有代表性的习俗、仪式也非常多。台州三门县各乡镇的一些村落里，保存着规模不一的、在冬至日隆重举办的拜冬祭祖民俗活动。这一民俗距今已有700多年的历史，俗称"三门祭冬"。

"三门祭冬"以三个村落的规模最大、程式最完整、传承最完好，分别是亭旁镇杨家村、海游镇上坑村与健跳镇小莆村。2014 年，"三门祭冬"被列入国家级非物质文化遗产名录。

"三门祭冬"紧扣冬至这个节气，其核心内容为"敬畏天地、感恩祖宗、敬老爱老、扬义涵德"，由取长流水、祷告祈天、祭祖、演祝寿戏、行敬老礼、设老人宴及与之伴生的相关民俗文化演绎整个民俗过程，体现了鲜明的地方特色，展现了区域文化亮点，是目前冬至节气民俗活动的代表。"三门祭冬"主要含义是向祖宗展示今年一年的好收成，摆盘极尽丰盛，一般会有十荤十素、各种糕点、水果糖果、鸡蛋干果等。通过祭冬，人们深切表达对天地自然馈赠的感恩和对祖先护佑的感激，向族人传达尊祖聚族的人伦大义，凸显崇尚祖德、尊老爱老的道德理念，实现聚族睦亲、和谐相处的根本目的。

三、传统饮食

1. 年糕

浙江的不少地方喜欢在冬至日吃年糕。云和人是"打年糕，吃年糕"，而畲族人更特别，吃的是黄年糕。人们从山上砍柴回来烧成灰，然后用烧开的水泡开，就成了当地人口中的"灰碱"。据说这种"灰碱"由于含钾量很高，人们吃了用它做出来的黄年糕既强身健体，又预示以后的日子年年攀高。

杭州人在这天吃的就是一般的年糕。冬至到来，杭州人就会在家里自制年糕祭祖或者馈赠亲友，而且吃的花样很多，味道各异，有芝麻粉拌白糖的甜年糕，也有肉丝炒的咸年糕，一日三餐不重样，既适合不同的人群，又防止吃腻。杭州人冬至吃年糕也是图个吉利，寓意"年年长高"。

冬至日的宁波，有全家人早上吃大头菜烤年糕的习俗。大头菜由每家自己烤制，冬至前一天的晚上就是家家户户烤大头菜的时间。大伙将大头菜洗净削皮切块，放到用火烧得旺旺的大灶上烤，连菜叶也不浪费。那一晚大头菜香飘满了宁波的大街小巷，大头菜烤年糕也成了宁波冬至节风味独特的乡间美食，让人食之难忘。

2. 番薯汤粿

除了大头菜烤年糕，番薯汤粿也是宁波人冬至必吃的美食之一。番薯汤粿就是番薯切成小块和汤粿一起用水煮开，熟了之后一起就着汤喝。汤粿是用糯米粉做成的小圆子，里面没有馅料，跟汤团类似，但个头要小得多。"番"和"翻"同音，冬至吃番薯，就是希望将过去一年的霉运全部"翻"过去。汤粿是圆圆的，寓意团圆、圆满。宁波人在做番薯汤粿时，习惯加酒酿。在宁波话中，酒酿也叫"浆板"，"浆"又跟宁波话"涨"同音，希望来年"财运高涨""福气高涨"等，也是一种美好的愿望。

3. 赤豆粥

赤豆粥在宁波也叫"糖粥"，当地的童谣"笃笃笃，卖糖粥。三斤胡桃四斤壳，吃侬肉，还侬壳，张家老伯伯，问侬讨只小猫小黄狗"，说的就是赤豆粥的事。冬至节气的这种赤豆粥的赤豆和粥是分开做的，把赤豆磨成豆沙浇在白粥之上，红白相间，色味俱佳，吃起来甜而不腻，稀而不薄，极为爽口。在宁波，冬至夜全家欢聚一堂共吃赤豆粥的习俗一直流传至今。糖粥可以自己做，也可去市场买。过去小贩一边挑着"骆驼担"一边敲着竹梆卖糖粥，发出"笃笃笃"的声响，孩子们听见声音就知道"卖糖粥"的人来了。

4. 肉豆腐

"有得吃，吃一夜，没得吃，冻一夜。"这句谚语说的是衢州人过冬至的事。可见衢州人过冬至的饮食是很讲究的，晚餐要尽量吃得好一些、多一些，且当天家家户户的菜肴里一定要有肉和豆腐。饭后各家都炒上一些花生、玉米、大豆等坐在一起聊天喝茶，吃着这些闲食，打发这漫长的冬夜。

5. 桂圆烧蛋

人们一直认为冬至节气是进补的好时候，但各地用于进补的食物有所不同，北方多吃饺子，南方多吃汤圆，也有吃冬至面的，嘉兴地区则流行吃赤豆糯米饭、桂圆烧蛋等食物的习俗。冬至夜很冷，又是漫漫长夜，所以要吃饱也要吃好，吃一碗桂圆烧蛋，既充饥也进补，一举两得，所以这个习俗延续至今。营养专家认为鸡蛋营养丰富，桂圆有补气血的作用，两者结合，既能补充气血又能驱寒暖身。在冬夜吃一碗热腾腾、加了红糖的桂圆烧蛋，多产生热能，增加肌体的活力，那真是身心俱爽。

6. 荞麦面

浙江人的主食是米，但有些地方在特定的日子也吃面，比如冬至日吃荞麦面。那时家家户户要做荞麦面，全家男女老少聚集在一起吃，团团圆圆，享受天伦之乐。旧时的人们认为冬至吃了荞麦，就可以清除肠胃中的猪毛、鸡毛等杂物，使人保持健康。

7. 麻糍

麻糍作为一种老少咸宜的食品流行于浙江、江西等地。冬至这一天，诸暨乡村中的主要习俗就是舂麻糍，以庆贺丰收。一般的做法是把糯米洗净浸涨放在木桶中蒸，蒸成粢饭后，放在石臼中用檀木槌舂，舂到一定程度之后就起臼铺在有炒黄豆粉的圆匾上，趁热用手慢慢摊平摊薄之后撒放糖和芝麻即可。通常还要用剪刀把整块麻糍剪成小块菱形，这就做成了麻糍。麻糍可以做好了热乎乎地吃，软糯香甜，也可以阴干后或煎或烤后吃，脆酥可口。

8. 湖州冬至美食

冬至在湖州民间又称冬节。湖州的风俗是这一天吃团子或者汤圆，此外吃得最多的就是鸡了。吃团子、汤圆象征家庭和谐、吉祥，吃鸡是为了在寒冷的冬天滋补身体，为来年的健康打下坚实的基础，所以民间有"逢九一只鸡，来年好身体"的谚语。"逢九"就是从冬至开始算的。

在长兴、德清等地有冬至吃糖滚蛋的习俗。糖滚蛋就是糖水煮蛋，在冬至的早晨往热水里打个土鸡蛋，再在碗里撒上红糖，经济条件允许的家庭有时还会放一些桂圆、红枣，热气腾腾、味道香甜的"糖滚蛋"就做好了。

9. 冬节粿

缙云人在冬至这天做"冬节粿"。冬节粿是一种包子，但又和平时常见的包子不一样，它的果皮是由山粉和毛芋做的，韧性不及面粉，所以包的时候要小心，特别讲究技巧。粿子做好后放到用油炒过的果叶上，放入蒸笼蒸约15分钟就好，吃起来柔软可口、清香四溢，是难得的美食。

四、冬至农事

冬至前后是兴修水利、大搞农田基本建设和积肥造肥的好时候，同时要做好防冻工作。浙江地区更应加强冬作物的管理，趁着农闲清洁、畅通沟渠，在植物根部位置堆土，加厚土层，以利于植物保暖，翻耕土地，疏松土壤，增强蓄水保水能力，并消灭越冬害虫。

冬至浙江的农作物管理主要包括以下几个方面：一是小麦、油菜的松土、施肥、浇水、培土。二是种稻的土地要冬翻，熟化土层。三是搞好良种选种。四是除草清洁土地，并注意培土壅根，防冻保苗。五是果树园继续施肥、清园、整枝、修剪。六是给蔬菜施肥增加养分，盖上干草、枯叶保温防冻。

冬至到立春之前这段时间是浙江一年中最寒冷的日子，畜禽养殖户须高度重视，猪舍、牛舍、羊栏要关闭门窗，提高舍内温度做好保温工作，不宜喂给冰冻饲料和冷水，要密切注意疫情，防范传染病的发生。冬至时节捕鱼整塘，修船晒网，消灭越冬病虫。

五、拓展知识

1. 金华冬至习俗多

冬至节前后金华人的习俗很多，最重要的就是上坟扫墓祭祖。各地扫墓的时间有所不同，如兰溪就是在冬至之前三天或之后七天上坟祭祖，所谓"前三后七"。上坟祭祖的供品也有讲究，不管各地差别多大，有四样是金华传统中必备的：小青菜、白切肉、豆腐、豆腐包。青菜、白切肉寓意清清白白；豆腐需要两面煎过，寓意红红火火；豆腐包寓意丰收。祭祖必用羹饭。很早以前的这种羹饭就是用糯米、生粉和各种菜做成的一种羹，后来把祭祖的饭菜都称作羹饭。羹饭需提前准备，不可疏忽，品种也得齐全，上述四样更是必不可少。

金华冬至的另一个习俗是洗脚。民间认为，冬至洗脚能让人整个冬天都不会生冻疮，老话"冬至洗冻脚，过年洗钱财"说的就是冬至洗脚能保暖、过年洗脚能发财的意思。这个习俗在全国来说都是少有的，甚至是独一无二的。

至于这天在食物上的讲究，金华各地也是各有不同，有的地方习惯吃饺子，也有不少人会吃馄饨。不管如何，吃得好、吃得饱就是这天最要紧的事，这表达了老百姓对来年丰衣足食的美好愿望。

2. 温州"还天愿"

"还天愿"就是人对老天还愿。年初的时候，温州人祈求老天实现自己的愿望，如果成功了，就要在冬至这一天来还愿，所以很多人家会举行"还天愿"仪式。时代在变化，但"还天愿"中的规矩没变，最重要的是要端出"百家米"来还，所以也称"还百家愿"。还愿的人要搜集很多家甚至一百家的米，这样表明人"还愿"的心是真诚的，也寓意还了很多个心愿。"百家米"一开始是还愿的人从别家凑成的，后来有了折中的办法，就是找乞丐买米，因为只有他们手中的米可当作"百家米"。据说冬至这一天，乞丐是很受欢迎的，甚至买的人太多，价格上涨，一些人家只得花高价将乞丐的米买来作祭拜还愿之用。

3. 绍兴"做冬至"

冬至是一年中夜晚为时最长的一天，所以又被称为"长至"。绍兴民间有"困觉要困冬至夜"的说法，认为冬至夜睡得好，可保一年好睡眠。

冬至夜，绍兴老百姓有"畚隔夜火熜"的习俗，就是人睡觉的时候把热热的火熜裹入被中一起睡，如果到了第二天早上炭火还不熄灭，就是人丁旺盛、财源茂盛的吉兆。

4. 吃馄饨

春秋时期，吴越交战，吴王阖闾打败了越王勾践。勾践不仅供给吴王很多金银财宝，还送了不少美女给他。其中一个美女就是家喻户晓的西施。据传，有一次西施做了一种面皮包裹着馅料的食物，吴王吃了觉得鲜美无比，就问西施这是何物。西施看着这个沉迷酒色、不理朝政的君王，就说此物是馄饨。其实是她觉得吴王混混沌沌，不好直说，所以用谐音"馄饨"讽刺。后来馄饨流传到民间，越王为了纪念西施，便规定老百姓在冬至时都要吃

馄饨。

5. 涂画"九九消寒图"

从冬至起就进入数九寒天，天气冷得不得了，人们不方便外出，整天窝在家里，总要有活动来打发时间，增加生活乐趣。为此文人雅士们想出了很多雅俗共赏的娱乐活动，比如择一"九"日，约九人饮酒（"酒"与"九"谐音），席上用九碟九碗等。但最为流行的，却是涂画"九九消寒图"的习俗。

涂画"九九消寒图"是一种简单易行的活动，通常是一幅双钩描红书法，上有繁体的"庭前垂柳珍重待春风"九字，每字九画，共八十一画，从冬至开始每天按照笔画顺序填充一个笔画，每过一九填充一个字。填充完便过去了81天，就是春回大地的日子了。关于"九九消寒图"的由来有两种传说，通行的说法是其由南宋民族英雄文天祥所创。文天祥被元军俘虏后投入牢狱，这天正是冬至。文天祥视死如归，决不投降，但在狱中也是度日如年。于是他想到了一个办法，拿了一块砖在墙上画红梅。他画了九九八十一朵红梅，每一朵都是空心的。然后每天把空心的红梅涂满，这样81天之后就应该是明媚的春天了。这表达了一种寒冬即将过去，春天必将到来，胜利也会到来的必胜信念。民间有感于文天祥的高尚节操和英雄事迹，又觉得"九九消寒图"别致有趣，于是纷纷仿效，从而形成流传不衰的消寒习俗。

另一种说法认为"九九消寒图"始自宫廷。宫廷中佳丽无数，又不用从事体力劳动，其他的季节还能赏花观景搞点户外活动，冬天则多待在室内，百无聊赖，于是有人就想出了涂画"九九消寒图"来消磨时光，其传入民间后更是大受欢迎，遂成习俗。《天启宫词注》云："每年长至节，司礼监刷印九九消寒图，宫眷粘之壁间。"

6. 数九消寒

自冬至日起，海盐民间又有"数九消寒"之说，并流行"九九歌"："冬至属一九，两手藏进袖；二九一十八，口中似吃辣；三九二十七，见火亲如蜜；四九三十六，关门烘脚炉；五九四十五，开门日头煦；六九五十四，杨柳发细枝；七九六十三，行人把衣袒；八九七十二，柳絮长上翼；九九八十一，日长该早起。"在海盐，冬至有扫墓、祭祖、吃赤豆糯米饭和蛋酒头等习俗。

7. 民间禁忌

杭州冬至日忌扫地，一般在前一晚清扫屋内外地面，称为"扫隔年地"。绍兴冬至日忌骂人、吵架、说不吉利的话，也不能打碎碗盘。湖州冬至日忌老人和孩子睡得晚。也有地方的人忌冬至出游，因为冬至后白日渐长，阳气始生，这个时候的人应该静心休养。

六、有关节气的诗词谚语

1. 诗词

邯郸冬至夜思家

唐·白居易

邯郸驿里逢冬至，抱膝灯前影伴身。

想得家中夜深坐，还应说着远行人。

赏析 | 白居易作此诗时正宦游在外，夜宿于邯郸驿舍中。俗话说"冬至如大年"，在古代，冬至是很重要的节日，这样的日子里诗人却远离家乡，住宿在一个冷清的驿站里，不能与家人团聚，思乡之情油然而生是最自然不过的事了。诗人自己枯坐在灯前，遥想家中的亲人们肯定坐在一起，怀念他这个漂泊在异乡的人。这首诗以直率质朴的语言描绘游子的思乡之情，道出了人们常有的一种生活体验，感情真挚动人。

小至

唐·杜甫

天时人事日相催，冬至阳生春又来。

刺绣五纹添弱线，吹葭六琯动飞灰。

岸容待腊将舒柳，山意冲寒欲放梅。

云物不殊乡国异，教儿且覆掌中杯。

赏析 | 杜甫一生漂泊，生活多颠沛流离，写的诗多为压抑沉重之作。写此诗的时候杜甫在夔州，难得生活比较安定，所以诗人的心情也比较舒朗。《小至》写的是冬至前后的时令变化，叙事、写景、抒情，一气呵成，生动地写出了冬天里孕育着春天的景象。诗人盼望春天赶快到来的迫切心情跃然于纸上，包含着欢快、明媚的因素，充满着浓厚的生活情趣。

2. 农谚

冬至一场霜，过冬如筛糠。

赏析 | 要是在冬至的时候下一场霜，那就预示着今年冬天的天气就会特别寒冷，会把人冻得浑身发抖，像筛糠一样不停打冷战。

阴过冬至晴过年。

赏析 | 冬至这天是阴雨天的话，那到了过年的时候很可能是晴天，对于农民拜年访友非常方便。反之，如果冬至这一天是个大晴天，那春节期间很可能阴雨绵绵，天气寒冷，所以也有民谚"冬至出日头，过年冻死牛"之说。冷得会把牛都冻死，可见冷的程度。

第五节

小寒：杭州"小寒"天
当行"腊八粥"

一、节气起源

　　小寒是二十四节气中的第 23 个节气，是每年公历 1 月 5 日至 7 日中的一天，其时太阳运行到黄经 285 度。"寒"是寒冷的意思，"小"表示寒冷程度。《气候集解》中说："小寒，十二月节，月初寒，尚小，故云。月半则大矣。"小寒后我国开始进入一年中最寒冷的时段。

古人将小寒分为三候：一候雁北乡，二候鹊始巢，三候雉始鸲。小寒节气阳气已动，有"热归塞北，寒来江南"习性的大雁离开南方最热的地方开始向北迁移；喜鹊感觉到阳气萌动而开始筑巢，并将巢的门朝向南边向阳的方向；野鸡敏锐地捕捉到了阳气的滋长，开始不停鸣叫。

俗话说："热在三伏，冷在三九。"一年当中最寒冷的时期便是"三九天"。"三九"多在小寒节气内。小寒一过就会正式进入酷寒时节，河里的水都结成了厚实的冰，人们可以"出门冰上走"了。小寒节气北方地区的农事活动基本停止，南方地区抓紧给农作物施肥或兴修水利，做好防冻保暖工作。

二、民俗活动

1. 喝"腊八粥"

古人称农历十二月为腊月，小寒正是腊月天。十二月初八是传统的腊八节，是祭祀祖先，祈求丰收、吉祥和避邪的日子。这一天许多人家都有喝腊八粥的习俗，据说是为了纪念抗金英雄岳飞。

传说当年岳飞率部抗金，驻扎在朱仙镇。当时数九严冬，岳家军粮草不济，衣服单薄。当地百姓为这支英雄的军队相继送粥，岳家军在饱餐了一顿百姓送的"千家粥"后与金兵作战，结果大胜而归。这天正是十二月初八。岳飞死后，老百姓为了纪念他，每到农历腊月初八，就用杂粮豆果煮粥喝，后来逐渐成了习俗，并从民间影响到了官方，这粥也就被称为"腊八粥"。每逢腊八这一天，不论是朝廷、官府、寺院还是平常百姓人家，都要做"腊八粥"。

杭州人称腊八粥是"打斋饭"。古时的和尚用箩筐到各家化斋，将吃食挑回寺里，食用之后有多余的饭菜就晒干收藏，到了腊八节的早上熬成粥回报大家。寺院在每年的这一天，都用米、谷、枣、莲等煮粥供佛。后来为了回报、感恩信众，也开始在这一天向信众施粥。历朝历代都有寺院施粥的记载。元代周密在《武林旧事》中追忆南宋临安（即今杭州）的繁华时说："八日，则寺院及人家用胡桃、松子、乳蕈、柿、栗之类做粥，谓之'腊八粥'。"腊八粥味道香甜，老百姓吃它以求健康长寿。

现在杭州做腊八粥的食材有胡桃仁、松子仁、芡实、莲子、红枣、桂圆肉、荔枝肉等。杭州人喜欢吃寺院里的粥，觉得更加健康吉祥。每年腊八，以灵隐寺为代表的杭州各大寺院煮粥免费送给市民。灵隐寺一般从腊月初一凌晨开始煮粥，到腊月初八中午结束。6 口蒸汽大锅 24 小时不间断地煮粥，小火慢炖，一锅腊八粥足足要熬上 6 个小时，每天可生产 4 万多份腊八粥。

为了改变以往排队领粥的拥堵，也为了减轻交通压力，这几年杭州各大寺院不再在现场分粥，而是由工作人员分头把熬好的粥送到各社区、学校、儿童福利院和养老院，将这一份份吉祥与暖意送到市民的手中。

三、传统饮食

1. 捣糖糕和炊松糕

春节前夕，温州家家户户都要捣糖糕和炊松糕。糖糕是一种色香味俱佳的糕点，做法稍稍有点复杂。人们先是将糯米、籼米掺到一起磨成粉，在粉里加点红糖或白糖调色调味后蒸熟，再放在石臼中捣韧，捞出来放入不同的印模里，压出各种吉祥图案，如牡丹、蟠桃、魁星、财神爷等；也有做成各类形状，如元宝形、鲤鱼形等，可以插上银花放在中堂长条桌上，也有的放在米缸里，寓意年年高升、年年有余；也可直接做成长条形，方便简单，也不失风味。

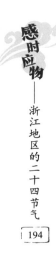
在捣糖糕的同时，温州人也不忘炊松糕。松糕一般用糯米粉做，糖粉和入糯粉中搅拌均匀，然后倒入松糕格内，但不能倒满，因为要放进红枣、冬瓜条、肥肉、核桃、花生等细碎配料，再把粉倒满夯实、蒸熟，美味的松糕就做成了。糖粉既可以是白糖也可以是红糖，看各自的喜好和口味。松糕香气扑鼻，松软可口，寓意喜庆，是温州地区订婚、结婚送给亲戚的伴手礼。

四、小寒农事

小寒之后浙江的天气更加寒冷，对农作物的危害更大，这个时候的农事主要是做好农作物的防寒工作。有阳光的日子大棚尽量揭开，让蔬菜尽可能多照阳光。即使连日阴雨，棚外草帘等遮盖物也要时不时拿掉，避免影响正常的光合作用而引起蔬菜萎蔫死亡。

高山上的茶园，要用稻草、杂草这些自然保暖物或者塑料薄膜遮盖，防止寒风吹起的杂物对叶片造成伤害。这时候遇下雪，一旦雪停，要尽早摇落树枝条上的积雪，以防大风一吹，造成枝干不堪承受而断裂。

小寒时节，浙江的水产养殖重点主要是翻晒池塘，检修设备，放养鱼种。牲畜养殖要提高舍内温度，缩短外出放牧时间，防止受凉。为提高鸡的产蛋率，可在其饮水中加入适量红糖以补充能量，同时也可增加光照。

五、拓展知识

1. 体育锻炼

谚语有云："小寒大寒，冷成冰团。"小寒天气冷，人们就会想各种办法来取暖，体育锻炼是其中很好的一种。各地锻炼方式因地制宜，各有不同，有跳绳、踢毽子、滚铁环等。这时要是下了大雪，就到处是堆雪人、打雪仗的热闹场景，不但小朋友喜欢，大人们也会积极参与，雪地活动让人浑身暖和、血脉通畅。

2. 酿酒

酿酒的最佳时节有立冬，有冬至，也有小寒时节的腊八日。据说腊八日酿的酒较为清冽，而且保质期较长，存放越久口感越好。

3. 互赠礼物

人与人之间相互赠送食物、礼物也是寒冷天气里暖人心田的一种方式。小寒节气天气较冷，唐朝时候长安城的人们盛行互赠礼物，连帝王也不例外，有赐臣下或后宫口脂、腊脂，盛以碧镂牙桶的习俗。杜甫有诗云："口脂面药随恩泽，翠管银罂下九霄。"王建《宫词》云："月冷天寒迎腊时，玉街金瓦雪漓漓。浴堂(殿名)门外抄名入，公主家人谢口脂。"口脂即唇膏，面药就是在蜡脂中加防裂的药，都是用来防止干燥天气导致口唇冻裂的物品。

4. 吃糯米饭

民间传统认为糯米的含糖量高，与大米饭相比，糯米饭吃了之后全身更加暖和，有利于驱寒。同时中医理论认为糯米能补中益气，适合在寒冷季节食用。

5. 晒鱼干

地处沿海的宁波居民会在小寒时节的晴好天气晾晒海货。经海风吹拂晾晒出来的鱼干、虾干能更好地保留原来的味道，其是宁波人过年宴请宾客的必备佳肴。

6. 民间禁忌

小寒节气忌讳天暖。按照自然规律，这时来自北方的冷空气、寒潮来袭，天气严寒。人们普遍认为，如果此时天气暖和，那么到了大寒，天气就会更冷，所以有"小寒天气热，大寒冷莫说"的谚语。此外，民间也忌讳小寒不下雪，"小寒大寒不下雪，小暑大暑田干裂"说的就是这个。

小寒节气忌不运动。俗话说："冬天动一动，少闹一场病；冬到懒一懒，多喝药一碗。"干燥寒冷的冬天宜多进行户外运动，可以跑步、跳绳、打球等。不加强体育锻炼，一天到晚待在室内，容易造成身体免疫力下降，感冒等冬季的常见疾病就会找上门来。

小寒节气忌琐事劳神。小寒时节已经进入数九寒冬，寒冷天气往往会导致患心脏病和高血压病的人病情加重，患中风的人也会增加。所以这个时节忌讳对人对事劳心劳神，应尽量做到心态平和、畅达乐观，尤其是老年人，更要放开心胸，提振精神。

六、有关节气的诗词谚语

1. 诗词

寒夜

宋·杜耒

寒夜客来茶当酒，竹炉汤沸火初红。

寻常一样窗前月，才有梅花便不同。

赏析 这首诗是诗人在小寒之夜招待朋友时的即兴之作。诗中写了茶，也写了梅花。室内炭火正旺，茶水沸腾；室外月光皎洁，梅花盛放。茶是一样的茶，景是一样的景，就是因为有好友来访，所以诗人感觉今天的梅花格外香气袭人。"茶当酒"有"君子之交淡如水"的高雅，"火初红"寓意火热的待客之情，"一样"与"不同"反映的是当下诗人的愉悦心情。

小寒

唐·元稹

小寒连大吕，欢鹊垒新巢。

拾食寻河曲，衔紫绕树梢。

霜鹰近北首，雏雉隐丛茅。

莫怪严凝切，春冬正月交。

赏析 我们平时说的"黄钟大吕"是中国古代十二律中的头两个音律，黄钟是对应十一月，大吕对应十二月，所以诗中说"小寒连大吕"。后五句说的是古人将小寒分为三候，一候雁北乡，二候鹊始巢，三候雉始鸲，反映的是小寒节气阳气催发后鸟类活动的变化：大雁开始北迁了，喜鹊开始筑巢了，野鸡开始鸣叫了。"莫怪严凝切，春冬正月交"，表达了诗人对寒冬已经到来、春天也就不远了的希冀之情。人的生活不可能一帆风顺，或许会碰到严冬般的困难，但总会迎来温暖的春天，只要不抛弃不放弃，就可以带给我们快乐和希望。

2. 农谚

天寒人不寒，改变冬闲旧习惯。

赏析 小寒节气天气寒冷，大部分人畏冷，喜欢闲着不运动，这样人就会更冷。要想不冷就得改变原先的习惯，保持经常性的适量运动，这样身体才会暖和起来，人的状态也会好起来。

小寒不寒，清明泥潭。

赏析 如果小寒时节天气晴暖，那么来年的春天天气会比较冷，即使到了清明还可能出现倒春寒的现象。这样反常的天气会直接影响农作物的生长，不利于农民的收成。

第六节

大寒：湖州腊月"干荡"
扫尘赶集过年

 节气起源

大寒是二十四节气中最后一个节气，在每年公历 1 月 20 日前后，其时太阳到达黄经 300 度。大寒表示天气寒冷到了极点。《授时通考·天时》引《三礼义宗》："大寒为中者，上形于小寒，故谓之大……寒气之逆极，故谓大寒。"这个节气通常刮大风，气温很低，寒潮频发，容易下大雪且积雪较多不

易融化，出现冰冻天气，呈现出冰天雪地的肃杀景象。

我国古代将大寒分为三候：一候鸡始乳，二候征鸟厉疾，三候水泽腹坚。母鸡提前感受到春气，开始孵育小鸡；而鹰隼之类的猛禽为了抵御严寒，经常盘旋在空中捕食，以补充身体的能量；天气更加寒冷，本来只是河边结冰，现在连河流湖泊的中央也开始冻结，而且这个时间段的冰冻得最结实，尺寸也最厚。

大寒节气正是西北风肆虐的时候，全国进入每年最寒冷的时期，出现大范围雨雪天气和大风，农作物的防寒工作就显得非常重要，也应注意给家里的牲畜家禽保暖，让它们安全地撑过一个冬天，避免被冻伤冻死。

二、民俗活动

1. 掸尘

祭灶之后，老百姓们就着手准备过年。每年从农历腊月二十三起到除夕都是"扫尘日"。扫尘也叫"掸尘"，就是用长柄掸帚将房屋里里外外凡是有悬尘、蛛网、积灰的角落都给掸得干干净净。扫尘就是年终大扫除，意在"过个清爽年"。掸尘除了清洁，更是图个吉利。因为"尘"与"陈"谐音，过年掸尘意味着"除陈布新"，把一切"穷运""晦气"统统扫地出门。

2. 干鱼荡

湖州是水乡，自然少不了各类水产，正如民谣所唱："十二月里干鱼荡秋，家鱼野鱼齐落网。"腊月里正是捕捞鱼虾的好时候。

鱼荡也称作"鱼宕"，就是养鱼的浅水湖。人们把鱼荡里的鱼捕捞起来叫"拖荡"。小鱼荡常常采用"干荡"的办法。"干荡"就是用水车把湖塘中的水全部抽干来捕鱼的一种方式。待到水都没了，就剩下鱼虾在湖塘里活蹦乱跳，捕捞起来就十分方便快捷。"干荡"不但是劳作，是农村的集体活动，往往带有一些仪式的味道。

谁家"干荡"了，主人家都要请亲友来帮忙，因为这是一种繁重的工作。"干荡"时常常十分热闹，因为湖塘边上很多人围观，他们大多是来准备参与"清荡"的。鱼塘抽干水后，先由主人家带着帮忙的人下塘捕鱼，等他们将所有的鱼虾捕捞完毕后，那些早已候在一边迫不及待准备"清荡"的人就要下塘"捡漏"了。来"清荡"的人大多是孩子，每个人的腰间挂个竹篓，或提着一个水桶，一股脑儿冲下池塘，去抓那些"漏网之鱼"，场面十分热闹，多少都会有所收获。"清荡"就是搞点热闹的氛围，主人家也喜闻乐见，希望大家开开心心。"干荡"的收获要和大家共享，主人会给亲朋好友和邻居送一些鱼，还会邀请亲朋邻居来家里吃鱼汤饭，好酒好菜招待以庆丰收。

3. 贴春联

贴春联、年画是过年的习俗。除夕夜吃饭前，人们会在自家屋门上、墙壁上等地方贴上大大小小的"福"字、春联或者年画。以前贴"福"字常常会倒着贴，寓意"福到了"。现在的年轻人就不太讲这个传统，他们中就有喜欢把"福"字端端正正贴在门上的。

三、传统饮食

1. 八宝饭

民间有大寒节气吃糯米饭的习俗，最好吃的糯米饭当然是八宝饭。八宝饭的做法有些费时费力，就是在蒸熟的糯米中拌入糖、猪油和桂花等，倒入装有红枣、薏米、莲子、桂圆肉等的碗盆里蒸熟，等出锅后浇上准备好的糖卤汁，这样香喷喷的八宝饭就完成了。吃八宝饭，能起到抵御严寒、补养正气、健脾养胃的作用。关于八宝饭的由来有各种说法，比较有传奇色彩的是说这是周王伐纣后的庆功美食，所谓"八宝"指的是辅佐周王的八位贤士。也有传说八宝饭源自江浙一带，开始也只在这一带流传。后来因为有江南的师傅进京做御厨，就将手艺带到了北方，北方民间才开始流行吃八宝饭。现在浙江的宁波、绍兴等地仍有过年吃八宝饭的习俗。

2. 年糕、粽子

年糕谐音"年高"，有"年年高"之意，是绍兴地区老百姓过年的传统年货。在绍兴农村，从腊月二十四这一天开始，几乎家家户户都要舂年糕，一做就是上百斤。年糕是过年时餐桌上必不可少的食品，吃不完的年糕则被浸在水缸里。在上虞，有一种梁湖年糕很有名气，它以光滑、细嫩、柔软、可口而闻名，如诸暨年糕、嵊州年糕也是名声在外。舂年糕是一种辞旧迎新的重要民俗活动。

绍兴的老百姓裹粽子一般是从腊月十五开始的，比舂年糕还稍早些。粽子的品种主要是看米里面裹了什么，一般不外乎火腿、赤豆、红枣等。粽子包好后是五个穿成一串，煮熟了悬挂在屋前廊下，风干后可以保存很长时间，要吃了就煮一煮。现在年轻人多喜欢买现成的粽子吃，虽然省了麻烦，但也少了乐趣。

3. 糯米灌藕

绍兴各个地方的年货基本相同，但也会有自己的特色。上虞和诸暨比较有特色的是糯米灌藕。它和粽子一样，是这些地方过年必不可少的食物。煮熟的藕性味甘温，能健脾开胃，有消食、止渴、生津的作用，糯米的功能是温补脾胃，补骨健齿，所以糯米和藕搭配，既保健又营养。

4. 鱼汤饭

湖州湖多水多鱼多，过年的时候都会做鱼汤饭这个地方特色浓郁的菜肴。冬季的时候鱼虾肥美，渔民捕鱼都会叫上亲朋好友一起帮忙。为了感谢大伙的帮忙，捕完鱼后大家往往要在家聚餐吃吃喝喝，其中和鱼有关的菜肴就会很多，鱼汤饭的传统就流传下来了。现在每到春节的时候，湖州人都会期盼一顿以鱼为主料的鱼宴。

5. 春卷皮子和荠菜

荠菜春卷是宁波人年夜饭桌上的必备菜肴，这个传统至今仍在延续。因为荠菜春卷一般都是现做现吃，所以大年三十那天的菜市场里，春卷皮子和荠菜卖得最畅销，卖家也会趁机加价。荠菜春卷吃法很多，通常是蘸醋吃。在春节期间各种大鱼大肉的当口，咬一口裹着荠菜、香干、冬笋的春卷，一股浓浓的野菜香气让人感受到早春的味道。

6. 龙游发糕

衢州人过年一定会吃龙游发糕。这个发糕就是在拌粉蒸糕的时候加入酒糟，这样做出来的蒸糕就会特别松软可口，同时还有微微酒香。龙游方言中"发糕"和"福高"谐音，于是这个发糕就有了"年年发、步步高"的吉利意思，成为衢州百姓必不可少的一道春节美食。

四、大寒农事

大寒时节全国各地彻底进入农闲，但天气愈加寒冷，防寒防冻依然是浙江农家的主题，且需要更加重视。农作物方面，继续加强油菜、小麦及其他作物的田间管理，蔬菜的管理要注重灰霉病、叶霉病、疫病、霜霉病、白粉病等病害的防治。冬季畜禽疾病多发，一方面要加强保暖，牛、羊等食草动物夜间要添加夜草，增加抵御寒冷的能量；另一方面应积极做好疾病防控工作。继续修剪落叶果树，同时注意果园的清沟、排水、防水渍、防冻。

五、拓展知识

1. 饮酒

因为大寒和立春衔接，冬季吃吃喝喝的习俗比较多，古人在大寒时节就可以纵情饮酒，也就是开放宴乐的意思。东汉蔡邕《独断》有云："腊者，岁终大祭，纵吏民宴饮。"除了这些与吃喝有关的习俗外，大寒还有"做牙""扫尘""糊窗""赶婚""赶集""洗浴"等传统习俗，都是一些有趣的活动，有的依然存在，有的已经消失不见。

2. 民间禁忌

大寒时节除旧布新、清洁房屋，是我国的传统习俗。这一习俗中的一些民间讲究颇有意思，比如打扫过程中全家人不能说话，清扫出来的垃圾不准往外扫，要集中到一起再处理掉。打扫过程中不说话，是为了迎合"闷声发大财"之说；垃圾不准往外扫，则是为了"肥水不流外人田"。关于扫地，金华地区的规矩也显得格外有趣：大年初一不能扫地，因为这一天在当地被认为是扫帚的生日，扫帚要休息。这可能是将扫帚拟人化了，也体现了人们劳累一年想要休息的强烈愿望。

绍兴地区一过腊月二十夜，说话就要格外小心，老人们最忌讳提到"死""穷"等字眼，就是宰杀家禽也要说成"装扮"。旧时物质条件差，很多人过年才买新衣新裤。衣裤买来之后也有讲究，就是年前先穿一次，然后放起来到正月初一再穿。这样就不会因为在开年的第一天穿新裤子而"辛苦"（谐音）一年了。

和小寒一样，大寒节气也忌讳不下雪，而且最好下三场，农谚说："大寒见三白，农人衣食足。"人们普遍认为大寒不下雪，来年可能容易闹虫灾。

六、有关节气的诗词谚语

1. 诗词

大寒出江陵西门

宋·陆游

平明羸马出西门，淡日寒云久吐吞。

醉面冲风惊易醒，重裘藏手取微温。

纷纷狐兔投深莽，点点牛羊散远村。

不为山川多感慨，岁穷游子自消魂。

赏析 陆游写过不少有关节气的诗，多为咏怀言志。这首诗也不例外，是在大寒节气所作的借景抒情之作。诗人骑马出了西门，看到城外一片苍茫萧条的肃杀景象。有感于此，他非但没有悲凉之叹，反倒涌起了一腔豪情和感慨。作为一个立志收复破碎山河的爱国志士，陆游始终满怀豪情，不折不挠，矢志不渝，是一个真豪杰！

村居苦寒

唐·白居易

八年十二月，五日雪纷纷。

竹柏皆冻死，况彼无衣民。

回观村闾间，十室八九贫。

北风利如剑，布絮不蔽身。

唯烧蒿棘火，愁坐夜待晨。

乃知大寒岁，农者尤苦辛。

顾我当此日，草堂深掩门。

褐裘覆纯被，坐卧有余温。

幸免饥冻苦，又无垄亩勤。

念彼深可愧，自问是何人？

赏析　这首诗分两部分。前一部分写农民在寒风呼啸、大雪纷飞的隆冬时节缺衣少被、哀号连连，生活得十分痛苦；后一部分写作者在同样的天气里躲在朱门内有吃有穿，既无挨饿受冻之苦，又无下地劳动之累。诗人把自己所代表的剥削阶级的生活与农民处在饿冻边缘的贫困痛苦做了对比，深感惭愧内疚，以致发出"自问是何人？"的慨叹，觉得自己配不上这样的生活，表达了诗人悲天悯人的情怀。

2. 农谚

南风送大寒，正月赶狗不出门。

赏析　南风就是暖和的风。民间认为，要是大寒的时候刮的是暖风，那来年正月天气就会很冷，冷到连狗都不愿意出门。这种天气会影响农作物的播种生长，对农民而言不是一件好事。

大寒不寒，春分不暖。

赏析　小寒到大寒这段时间是一年中最冷的时候，民间认为，如果大寒这一天天气不冷，那说明寒冷的日子是往后延了，甚至到了第二年的春分，天气依然会十分寒冷。